MEIO AMBIENTE & TEOLOGIA

Dados Internacionais de Catalogação na Publicação (CIP)
(Jeane Passos Santana – CRB 8ª/6189)

Villas Boas, Alex
  Meio ambiente & teologia / Alex Villas Boas. – São Paulo : Editora Senac São Paulo, 2012. – (Série Meio Ambiente, 14 / Coordenação José de Ávila Aguiar Coimbra).

  Bibliografia.
  ISBN 978-85-396-0253-7

  1. Ciências ambientais 2. Meio Ambiente 3. Teologia I. Coimbra, José de Ávila Aguiar. II. Título. III. Série.

12-030s   CDD-363.7

Índice para catálogo sistemático:

Ciências ambientais : Teologia   363.7
Teologia : Meio Ambiente   210.1

MEIO AMBIENTE & TEOLOGIA

ALEX VILLAS BOAS

COORDENAÇÃO
JOSÉ DE ÁVILA AGUIAR COIMBRA

Editora Senac São Paulo – São Paulo – 2012

ADMINISTRAÇÃO REGIONAL DO SENAC NO ESTADO DE SÃO PAULO
Presidente do Conselho Regional: Abram Szajman
Diretor do Departamento Regional: Luiz Francisco de A. Salgado
Superintendente Universitário e de Desenvolvimento: Luiz Carlos Dourado

Editora Senac São Paulo
Conselho Editorial:
Luiz Francisco de A. Salgado
Luiz Carlos Dourado
Darcio Sayad Maia
Lucila Mara Sbrana Sciotti
Jeane Passos Santana

Gerente/Publisher: Jeane Passos Santana (jpassos@sp.senac.br)
Coordenação Editorial: Márcia Cavalheiro Rodrigues de Almeida (mcavalhe@sp.senac.br)
  Thaís Carvalho Lisboa (thais.clisboa@sp.senac.br)
Comercial: Jeane Passos Santana (jpassos@sp.senac.br)
Administrativo: Luís Américo Tousi Botelho (luis.tbotelho@sp.senac.br)

Edição de Texto: Vanessa Rodrigues
Preparação de Texto: Cristiana Ferraz Coimbra
Revisão de Texto: Ana Catarina Nogueira, Juliana Muscovick (coord.),
  Luciane Boito
Capa: João Baptista da Costa Aguiar
Editoração Eletrônica: Flávio Santana
Impressão e Acabamento: Corprint Gráfica e Editora Ltda.

Proibida a reprodução sem autorização expressa.
Todos os direitos desta edição reservados à
Editora Senac São Paulo
Rua Rui Barbosa, 377 – 1º andar – Bela Vista – CEP 01326-010
Caixa Postal 1120 – CEP 01032-970 – São Paulo – SP
Tel. (11) 2187-4450 – Fax (11) 2187-4486
E-mail: editora@sp.senac.br
Home page: http://www.editorasenacsp.com.br

© Alex Villas Boas, 2012.

SUMÁRIO

Nota do editor..7
Prefácio 9
Apresentação 21
Introdução 25
Como podemos entender o meio ambiente?......................31
   A crise de consciência ecológica e "meio ambiental"............ 34
   Não esperar o "dia seguinte".. 43
Como podemos entender a teologia?..................................47
   Brevíssima história de um termo que fez história................ 49
   O que tudo isso tem a ver com o meio ambiente?............ 113
Um único horizonte: o valor da vida..................................119
   A questão do Sentido da Vida 121
   Reino de Deus: Mistério e consciência do amor na vida.... 141
   O Código Deuteronomista: legislação para a vida 151
   Mas ainda não entendi a ligação entre teologia e ecologia...159

Nova ecologia + nova teologia = novo meio ambiente 175
    A nova ecologia 175
    A crise eclesiológica e a teologia do laicato 187
    Ecologia e teologia do laicato 207
    Pan-en-teísmo, reverência e fraternidade universal 211

Conclusão a ecologia: sentido de casa 225
    Projetos de vida para a vida 228
    E agora, José? 235

Bibliografia 241
    Para continuar a conversa 241
    Obras de referência teológica 244

Sobre o autor 247

NOTA DO EDITOR

O tema *meio ambiente*, obrigatório na discussão dos destinos do planeta, é desses que todos os dias estão nas páginas dos jornais e na voz dos noticiários de rádio e TV, dada a permanente evidência em que se mantém. Acompanhá-lo, saber de seu alcance e implicações, acrescentar argumentos na medida da importância a que faz jus é dever de todas as pessoas conscientes da sociedade em que vivem.

A Série Meio Ambiente apresenta-se como uma contribuição no sentido de tornar o tema atualizado e bem fundamentado, aproximando-o de outras áreas do conhecimento e tendo sempre em conta a intenção didática do texto e seu caráter interdisciplinar.

Neste volume, Alex Villas Boas mostra que, uma vez que a ecologia nos incita a ver o mundo como *morada*, o diálogo dessa ciência com a teologia pode criar uma cosmovisão que encontra sentido novo em todas as coisas que existem naturalmente, e em que cultura e natureza se conciliam. O entendimento dessa ligação lança as bases para a preservação da *oikos*, nossa casa: o ecossistema terrestre.

É um novo título da Série que o Senac São Paulo propõe para a compreensão do mundo contemporâneo.

PREFÁCIO

Agradeço ao professor Alex Villas Boas a deferência que teve comigo ao solicitar que eu prefaciasse este seu trabalho, aliás bem original, sobre as relações existentes entre meio ambiente e teologia. Essa deferência não me tira a dúvida sobre o papel e o destino prático dos prefácios. Na dúvida, assumi o encargo com boa disposição, pois vislumbrei, nesta tarefa, oportunidade favorável para situar o papel da teologia na moderna cosmovisão ambiental, além de chamar a atenção do leitor para o mérito da obra e do seu autor.

Não perco oportunidade para realçar que a questão ambiental precisa ser olhada numa visão de 360 graus em cuja circunferência há infinitos vetores relativos aos diferentes aspectos, ângulos sob os quais a realidade holística do meio ambiente pode ser considerada. Visto que nossa visão do todo é fatalmente limitada, resta-nos admitir que inúmeras outras visões especializadas existem, diferentes das nossas, capazes de ampliar a nossa própria abrangência. Creio que a dose de humildade ou, se se preferir, honestidade intelectual não exigirá de cada um de nós muito esforço. Com efeito, sentimos mais necessidade de ampliar os horizontes do que mantê-los limitados a poucos graus. Senão, que se tomem os problemas ambientais que espoucam por todo lado para verificar quão longe se está de entender o que se passa com este nosso planeta, o acerto ou o desacerto das nossas intervenções nos sistemas naturais, econômicos, sociais e, fora de dúvida, nos sistemas culturais.

A teologia é uma das mais antigas ciências que plasmaram a civilização ocidental. Ela antecede o próprio cristianismo em suas origens judaicas e greco-romanas. Sem embargo, a teologia hoje está bem mais identificada com o pensamento cristão, notadamente com o catolicismo romano que a tem cultivado desde os documentos doutrinais primitivos, como os livros do Novo Testamento, e aquele conjunto de textos e ensinamentos que marcaram os quatro primeiros séculos da nossa era, denominados de Patrística. Esse nome deveu-se ao fato de se consagrarem os ensinamentos e práticas de homens notáveis pelo saber e pelas virtudes, conhecidos como "padres (pais) da Igreja".

Como se pode constatar, o pensamento cristão teve bases muito antigas e sólidas. A compilação das obras dos padres da Igreja resultou em 387 grossos volumes em latim e grego, hoje disponíveis graças à paciência e à tenacidade de um sacerdote francês que se tornou referência: Jacques Migne (1800-1875).

É suficiente, no momento, pinçar alguns nomes exponenciais (seguramente omitindo muitos outros do mesmo merecimento). É o caso de São Clemente, de Roma; Santo Inácio, de Antioquia; São Clemente, de Alexandria; Santo Irineu, da França; São João Crisóstomo, de Constantinopla; Orígenes, de Alexandria; e, para fechar o ciclo estendido ao século VI, São Gregório Magno, papa reformador, que instituiu o canto gregoriano e mandou evangelizar Irlanda e Grã-Bretanha. Para completar esse elenco sumário, é imperioso citar São Jerônimo, natural de Dalmácia (antiga Iugoslávia) e Santo Agostinho, de Hipona, africano.

São Jerônimo era um asceta, homem objetivo, monge e erudito, dotado de inteligência e cultura fora do comum. A ele devemos a primeira versão dos Livros Sagrados, do hebraico e do aramaico, e também do grego, para a língua latina. Essa Bíblia, copiada e recopiada centena de milhares de vezes, chegou até Gutemberg, que a fez imprimir no nascedouro da imprensa, tornando-se assim o primeiro livro impresso na história. A figura de Santo Agostinho, nascido em Tagaste (norte da África), impôs-se no seu tempo como homem dotado de inteligência agudíssima e caráter inflamado pelo amor à causa que servia. Dele recebemos muitas dezenas de obras ímpares, marcadas com a chama da palavra. Dessas obras fazem parte as *Confissões*, continuamente traduzidas e reeditadas, a *Cidade de Deus*, igualmente muito conhecida, e uma pequena joia bibliográfica, *O mestre*, que escreveu como orientação de estudo para seu filho Deodato e foi como um dos primeiríssimos tratados de metodologia do trabalho científico intelectual. Agostinho de Hipona entendeu muito bem o coração humano e a as vicissitudes pelas quais passamos nesta vida terrena.

Só para termos uma ideia geral, o estudioso Rouët de Journel reuniu excertos de 113 autores, em latim e grego, compondo um manual de consulta – *Enchiridion Patristicum*.

Alex Villas Boas retoma sempre essa doutrina substantiva, buscando ir acima das ocorrências históricas sem, contudo, perder o sentido de que o Povo de Deus vivencia e retransmite a Palavra e a doutrina.

Entretanto, seria omissão imperdoável não fazer referência ao desenvolvimento da teologia durante o alto e médio Medievo. A teologia, juntamente com a filosofia, ganhou os espaços das universidades mais famosas, como é o caso de Paris, onde lecionou o célebre dominicano São Tomás de Aquino (1225-1274), homem de grande piedade e saber. A *Summa Theologiae* que escreveu, com admirável senso didático, foi comparada a uma catedral gótica de sólidas estruturas, linhas arrojadas e vitrais translúcidos. Muitos nomes ingressaram nessa constelação, tais como o dominicano Alberto Magno, também cientista natural e filósofo, mestre de Tomás de

Aquino. Surgiu ainda São Boaventura (1221-1274), discípulo de São Francisco de Assis e cardeal da Igreja. Esses e outros astros da teologia foram proclamados "doutores da Igreja", categoria prestigiosa que compreendeu, mais tarde, São João da Cruz (1542-1591) e Santa Teresa de Ávila (1515-1582), cujas obras místicas e literárias, sempre enaltecidas, encontram-se em nossas boas livrarias, já traduzidas para o vernáculo.

A presença dos padres da Igreja no cenário religioso e cultural dos primeiros séculos da nossa era mostra-nos homens excepcionais pelo saber e pela virtude, cujo elenco seria enfadonho reproduzir, mormente num prefácio. Basta registrar que essa presença já manifestava a disseminação da mensagem cristã em países longínquos, demonstrando assim a vocação de universalidade do cristianismo. Em Roma, na Itália, na Grécia, em Constantinopla (atual Istambul), em diferentes regiões da Ásia Menor, na França (antiga província romana da Gália notabilizada por Júlio César).

Como é sabido, a teologia continuou florescendo com vigor renovado nos tempos modernos. Além de notórios pensadores e teólogos, muitas faculdades de teologia foram criadas em universidades da Europa; é interessante dizer que bom número dessas faculdades não é de iniciativa da Igreja católica, mas de outras igrejas cristãs, particularmente as luteranas. Note-se também que diversas faculdades são ligadas a universidades oficiais. Vê-se, portanto, que o interesse pelos estudos teológicos extravasou dos limites das instituições religiosas.

Mas para que este prefácio? Creio que degenerou num discurso paralelo. Teria eu me perdido pelo caminho? Bem, na verdade acho que não, porque me dei conta de situar o livro prefaciado num contexto maior que nos permita uma compreensão do papel dos padres da Igreja e de grandes teólogos que antecederam o Renascimento. Pareceu-me uma síntese necessária, relativamente aos primeiros quinze séculos da era cristã. Resta-nos um olhar de relance sobre a presença da teologia nos tempos modernos.

Desde os tempos do papa Pio XII (1939-1958), nasceu e se aprofundou um movimento para o "retorno às fontes", que foi coroado pelo Concílio Ecumênico Vaticano II (1962-1965). A partir de então, passa-se por uma revisão do pensamento e da vida cristã. Embora se busque voltar às fontes, aos *fundamentos* da doutrina cristã, esse movimento interno da Igreja nada tem de fundamentalismo religioso; pelo contrário, representa uma abertura para o mundo dos homens, um apelo para a convivência fraterna e profundo respeito pela Criação.

Dogmatismo? Estruturalismo religioso? Formalismo? Nada disso. A Igreja católica é como uma sociedade na sua organização e, além disso, tem sua doutrina e liturgia. Os poucos dogmas existentes são como "cláusulas pétreas" que fazem parte da sua constituição, representam pilares essenciais da fé. Quanto ao mais, a doutrina teológica evoluiu e consolidou-se. É importante desenvolver o pensamento teológico em consonância com a evolução do mundo: do mundo natural e do humano, sem desligar-se dos pilares de sustentação. Há amplo espaço para a reflexão teológica e para as pesquisas bíblicas sem temor pelo seu aprofundamento. As heresias históricas ficaram para trás e, hoje, a liberdade de pensar e expor deve prevalecer, apesar de alguns casos de rigor excessivo na doutrina da fé bastante conhecidos. A doutrina cristã não se destina a espíritos desencarnados, mas a seres também corpóreos – 7 bilhões de pessoas –, povos que passam por transformações profundas, antes impensáveis. E note-se: o apelo de Deus não é exclusivo para os fiéis cristãos: ele se estende para a universalidade dos homens.

É patente que a teologia, que consagra um mundo sobrenatural, não pode omitir-se quanto à Terra considerada casa e morada da família humana. É fundamental que se tem de dar a Deus o que é de Deus, e aos homens, o que é dos homens, e à casa, o que é da casa.

Ultrapassada a fase histórica do cristianismo – necessária para firmar as crenças e os valores morais –, que privilegiou o sobrenatural e o transcendente, eis que, na Idade Moderna, a doutrina volta-se para o que é natural e imanente, numa demonstração de cuidado com o que é de todos. Um exemplo atual é a candente questão da sustentabilidade do planeta Terra, transformado em objeto de cobiça de poucos e disputa fratricida que exclui a esmagadora maioria dos seres humanos. É óbvio, portanto, que essa situação nefasta mereça reflexões teológicas, seja por parte da teologia sistemática, seja por evolução da teologia moral. O meio ambiente constitui um alvo desse avanço teológico que se prende às Sagradas Escrituras e à doutrina cristã da fraternidade universal.

Esse é o sentido do trabalho de Alex Villas Boas que agora, impresso, pretende ser um pouquinho de pedra, cal e cimento para assegurar a permanência da *oikos* – nossa casa: o ecossistema terrestre. Ele se soma a três Campanhas da Fraternidade que a Igreja católica no Brasil promoveu, desde 1979, voltadas para preservar o que é de todos, destacando-se a de 2011. Ela nos incita a dar assistência à Terra, que, como diz metaforicamente a teologia do apóstolo São Paulo, geme continuamente como mãe que passa pelas dores de parto. Ainda recentemente a mesma CNBB editou um opúsculo valioso sobre as mudanças climáticas, esclarecendo os fiéis a considerarem os riscos por que passa o planeta e exortando-os a repensar sua vida cotidiana conforme os cânones da austeridade pessoal e da sustentabilidade planetária. Esse opúsculo intitula-se "Mudanças climáticas provocadas pelo aquecimento global: profecia da Terra".

As últimas considerações deste prefácio, que a mim próprio me assustou, voltam-se para o trabalho *Meio ambiente & teologia*, de Alex Villas Boas, obra oportuna que integra a Série Meio Ambiente, da Editora Senac São Paulo, pioneira na divulgação de trabalhos que ajudam o leitor e o estudioso a discernir o meio ambiente numa visão de 360 graus.

O autor integra um grupo crescente de teólogos, muitos deles jovens, que se empenham na reflexão teológica sobre as vicissitudes humanas no ecossistema planetário. Eles têm enfeixado essa reflexão na tradicional *Revista Eclesiástica Brasileira*, publicada pelos franciscanos de Petrópolis, assim como em muitas outras editoras concentradas, em especial, nas regiões Sudeste e Sul do país. A título de exemplo, menciono uma obra coletiva, *Nosso planeta, nossa vida: ecologia e teologia*.

Alex Villas Boas estuda o tema já há algum tempo. Teologia confundiu-se com sua juventude e permanece na idade adulta. Ele está em constante relacionamento com pensadores do Brasil e da América Latina, acompanhando o que se passa em centros teológicos tradicionais da Europa. Seus conhecimentos repousam em bases sólidas, como se poderá constatar ao longo destas páginas. Evidencia-se nele um comprometimento com a causa, o que confere autenticidade ao seu trabalho. Devo dizer que não faltam abordagens surpreendentes.

Não poderia encerrar estas linhas sem afirmar que a ecologia contribuiu, e muito, para a renovação da teologia. E esta, por sua vez, retribui conferindo bases transcendentais à ecologia, bases de natureza filosófica e também moral.

É muito gratificante empenhar-se na construção de um mundo novo, conectando a parte dos homens com a parte de Deus. Felicitações ao autor por sua síntese!

José de Ávila Aguiar Coimbra

Se discordas de mim, tu me enriqueces. Se és sincero e buscas a verdade e procuras encontrá-la como podes, ganharei tendo a humildade e a modéstia de completar com o teu, meu pensamento. De corrigir enganos, de aprofundar a visão.

Dom Hélder Câmara

Mais valem as lágrimas dos que caíram do que a covardia de nunca ter tentado.

(Lema de vida)

APRESENTAÇÃO

A filosofia nasce do espanto com a vida que inquieta o coração humano e o faz procurar uma razão para isso. A teologia também. Não se pode dizer que Deus – o Deus pessoal – é o objeto exclusivo e direto de estudo da teologia, mas que, de uma experiência nossa pessoal, um novo olhar de acesso ao mundo se abre, olhar que transcende as aparências.

Meio ambiente & teologia quer penetrar nesse tipo de espaço intelectual. O núcleo deste opúsculo foi escrito, primeiramente, por ocasião de um evento que tinha como tema central a contribuição que a teologia do laicato poderia oferecer à questão da cidadania, em 2005, na Arquidiocese de São Paulo. A intenção do texto era mostrar como o pensamento ecológico apresentava grandes afinidades com o pensamento teológico, sobretudo o moderno. Em 2007, esse texto foi revisitado a convite do professor Ávila Coimbra, convite feito, por sinal, na ocasião da Campanha da Fraternidade que, naquele ano, tinha por tema Fraternidade e Amazônia – Vida e Missão neste Chão. Ao dar início ao desenvolvimento do texto, eis que Dom Luiz Flávio Cappio, bispo da Barra, Bahia, inicia seu jejum em protesto contra a transposição do rio São Francisco, o nosso caro e sofrido *Velho Chico*. Na mesma época, o movimento da Renovação Carismática Católica assumia, a pedido de Dom José Luis Azcona, bispo-prelado de Marajó, o Projeto Amazônia, na Ilha de Marajó.

Esses fatos todos me levaram a enfocar também uma dimensão do pensamento de tradição cristã, que é a "dimensão comunitária", vista não como mera instituição teórica e formal, mas, antes, como a realidade cotidiana partilhada de uma missão comum e de um cuidado que confere à esfera eclesial o sentido de lar, de causa comum. Aliás, a palavra "paróquia", em uso há mais de dois mil anos, tem precisamente o significado de "ao modo de uma casa", *para-oikia*. A preocupação de uma vivência familiar entre os fiéis, *em comunidade*, apareceu já com o nascimento da Igreja Primitiva. Esse é um sentido muito afim ao sentido de casa, da *oikos-logia*.

Assim, pretendi desenvolver o trabalho para encontrar um eixo comum, que é uma forma de cultivo do *outro lado do meio ambiente* como capacidade humana de cuidar, de *saber* cuidar. Infelizmente, porém, essa cultura se vê atrofiada diante de uma mentalidade obsoleta, em parte reforçada pelo materialismo histórico, estruturada e instalada nos meios de produção e na cultura de consumo contemporânea.

Em um segundo momento, o foco do trabalho consistia em buscar e transmitir uma explicação possível sobre o desenvolvimento de um pensamento teológico sempre em diálogo com a sociedade e a cultura de um determinado tempo. A teologia necessariamente se desenvolve na cultura como semeadora de esperança, sem se esquivar dos aspectos trágicos inerentes à realidade do nosso mundo. Tal busca por uma nova cultura traz em sua essência a busca por uma nova vida, um novo modo de viver que, por sua vez, está ligado a uma nova compreensão de comunidade que é, de algum modo, uma *oikos-logia*, um conhecimento prático da "casa".

Ao mesmo tempo, a ecologia nos incita a ver o mundo sob um *sentido de casa*, um lugar significativo para morar e viver e, portanto, merecedor de carinhoso cuidado. Assim, a ecologia, em diálogo com a teologia, ambas criam uma cosmovisão que encontra sentido novo em todas as coisas que existem naturalmente. Nelas, cultura e natureza se conciliam.

INTRODUÇÃO

> Um erro acerca do mundo redunda em um erro acerca de Deus.
>
> *São Tomás de Aquino*

A proposta da presente reflexão não é tratar de questões *stricto sensu*, ou seja, específicas do meio ambiente. Para tanto, há muita coisa produzida por ambientalistas profissionais com muito mais competência e capacidade. Da mesma forma, não se pretende aqui tratar de uma teologia *stricto sensu*, que seria reservada a um meio exclusivamente acadêmico. Mas pretende-se, sim, encontrar uma terceira margem, uma interação entre ambas as áreas que possa ter dupla cidadania: uma aliança entre meio ambiente e teologia. Assim, ambas devem trilhar o mesmo horizonte, por um motivo primordial que nem sempre fica evidente para as pessoas envolvidas nas duas áreas: o meio ambiente é uma questão *existencial* e não meramente ambiental. E, visto que a existência humana é um Mistério, há de se pensar com categorias próprias que auxiliem a compreender esse Mistério de encanto e contradição que é a vida, a fim de lançar luzes sobre ela. Nisso a teologia judaico-cristã vem acumulando, no decorrer de milênios, uma sabedoria para o *ex-sistere*, para o devir humano, para aquilo que o ser humano é chamado a ser diante dos desafios de cada tempo. Em suma, para um ser humano que dê respostas às mazelas de seu entorno, pois a fé judaico-cristã sempre teve suas raízes fincadas na vida concreta.

Apesar de toda a interdisciplinaridade e a transdisciplinaridade das áreas do saber atualmente, não é difícil questionar qual relação pode haver entre meio ambiente e teologia. Com efeito, num primeiro olhar, pode-se ter a impressão de que são áreas estanques. Uma se refere à realidade cotidiana – mais especificamente, à relação da sociedade com o conjunto de ecossistemas nela presente; a outra, pensa-se, diria respeito às coisas divinas, ou mais diretamente voltadas aos dogmas cristãos, o que pode parecer, como se diz na linguagem popular, "coisa de Igreja" e que, portanto, nada tem a ver com a sociedade. Foi exatamente essa dicotomia – que constitui uma veia aberta da sociedade moderna e contemporânea – que permitiu ao mito do progresso avançar sem escrúpulos em sua gananciosa empreitada de dominar o mundo, deixando essa hemorrágica ferida na consciência existencial do planeta e do meio em que vivemos.

Aqui assumimos a posição de Ávila Coimbra em sua contribuição à necessidade de se pensar o "outro lado do meio ambiente" como realidade humana que tudo engloba:

O lado conhecido do Meio Ambiente, o "lado de cá", está explorado por cientistas e técnicos de indiscutível valor. Eles nos falam da teia da vida sob ameaça de ruptura, das poluições, da degradação da Natureza e das agressões sofridas que partem da sociedade humana. Alertam-nos para a crescente deterioração do meio, para os riscos que ameaçam a propagação e permanência do *Homo sapiens* sobre a Terra. Há, inclusive, um sentimento comum de insegurança, diria mesmo um pressentimento de tragicidade no que diz respeito aos destinos do gênero humano [...]. O que nos é transmitido sobre o lado conhecido e divulgado vem amiúde expresso em linguagem técnica ou gerencial, com fórmulas químicas ou biológicas, análises econômicas ou modelos matemáticos; ou então, em termos científicos que descrevem os fenômenos ecológicos e ambientais. Mas, o que existe por trás de toda essa fenomenologia, sobretudo negativa? O que há de belo ou trágico que ainda não desvendamos? Espicaçados por estas interrogações é que nos dispomos a incursionar no "outro lado do Meio Ambiente", a descobrir as cumplicidades secretas que existem entre nós e ele. Ou melhor, os elos mais íntimos que nos prendem ao planeta Terra como realidade única. (Coimbra, 2002, pp. 4-5)

Ademais, não se pense, em absoluto, que neste trabalho meio ambiente e teologia encontram-se numa relação pergunta–resposta, como se a teologia fosse a panaceia de todos os males. Antes, será a companheira de caminhada que tenta ajudar o ser humano a entender e melhor viver uma vida em plenitude. Isso necessariamente passa por uma qualidade de vida ambiental, abrangendo a relação do homem consigo mesmo, com o outro e com Gaia.[1] Portanto, esta reflexão pretende contribuir com uma fé inteligente, terapêutica e comprometida com o ser humano e seu entorno sócio-político-econômico-ambiental, contudo não restrita aos que comungam da fé cristã. Visamos, sim, apresentar uma reflexão que se pauta na sabedoria de vida dos conteúdos dessa fé, essencialmente existenciais.

Ao elaborar uma obra de introdução, um autor deve estar ciente dos riscos do simplismo a que pode chegar por alçar voo na apresentação de uma visão panorâmica. Com efeito, é preciso dizer aos menos afeiçoados que as linhas de pensamento referentes aos momentos históricos, citadas a título de contextualização, não correspondem exclusivamente aos autores citados, mas muitos outros os acompanhariam em cada época. Optamos, sim, por citar alguns autores significativos com suas respectivas linhas mestras, os quais, em meio a uma verdadeira riqueza de pensamentos, demandariam muito mais fôlego. Assim, da mesma forma como um fotógrafo que deve decidir o aspecto da esplendorosa paisagem à sua frente a ser captado, escolhemos o foco de nossas paisagens nas páginas seguintes.

Pode-se verificar, ainda, que também a teologia e o cristianismo precisam aprender com o meio ambiente, a fim de se afirmarem fiéis aos ensinamentos Daquele em quem acre-

---

[1] Ou Geia, ou Géa. A "Mãe Terra".

ditam. Entretanto, não é estranho à dinâmica da fé cristã o comprometer-se com as questões sociais de seu tempo, e mesmo colaborar com uma inventividade social, e mesmo estabelecer uma autocrítica em relação à sua atuação na sociedade. O compromisso para com a realidade é inerente à fé cristã e, portanto, à elaboração da teologia. Afinal, como já se disse nos primeiros séculos do cristianismo, a busca de um sentido para a vida e a responsabilidade de seu entorno não são vistas de modo separado, pois desde muito cedo "[os cristãos] participam na vida pública como cidadãos (*politai*)"[2] (Rouët de Journel, 1913).

---

[2] "*Metekhousi pan ton ós politai.*"

COMO PODEMOS ENTENDER O MEIO AMBIENTE?

> Não, não haverá para os ecossistemas aniquilados
> Dia seguinte.
> O ranúnculo da esperança não brota
> No dia seguinte.
> A vida harmoniosa não se restaura
> No dia seguinte.
> O vazio da noite, o vazio de tudo
> Será o dia seguinte
> [...]
> Que rumor é esse na mata?
> Por que se alarma a natureza?
> Ai... É a motosserra que mata,
> Cortante, oxigênio e beleza.
>
> *Carlos Drummond de Andrade, "Mata atlântica"*

Não queremos aqui fazer uma exposição sistematizada do meio ambiente. Para tanto, há muito já produzido que pode colaborar na compreensão do assunto em questão. O que propomos, no entanto, é trazer ao nosso imaginário social o valor do meio ambiente, seu "núcleo de sentido",[1] ou seja, sua capacidade, como valor presente na cultura de uma socie-

---

[1] O que aqui chamamos de "núcleo de sentido" López Quintás (1994) chama de "tema" de uma obra, que, mais do que o "argumento", reporta-se à experiência "estética" que o autor faz, a qual é uma experiência de sentido para sua vida.

dade, de incutir no indivíduo uma orientação existencial, um *habitus* ético. Ninguém melhor para descrevê-lo que Carlos Drummond de Andrade, com sua sensibilidade poética para as questões existenciais da sociedade moderna e suas incidências na sociedade contemporânea. O escrito do poeta itabirano permite fazer a distinção necessária entre "ambiente" e "meio ambiente" ao discorrer, ao longo de todo o seu poema de 29 estrofes, sobre a ação da natureza e a ação do homem, dito civilizado, que *inter-fere* nela. Não raro deixamos de encontrar distinções claras para esses dois termos. Contudo, neste trabalho, gostaríamos de ressaltar a relação da natureza com a cultura (e vice-versa) por meio dessa pedagógica dicotomia.

O termo "ambiente" dá a ideia mais básica daquilo que está à volta, cercando por todos os lados. Nas ciências ambientais, diz-se "ambiente" o conjunto interno de elementos estáticos e dinâmicos, bióticos e abióticos que interagem em um processo de amálgama entre as condições físicas, químicas e biológicas, completando um sistema. Em outras palavras, uma combinação de partes coordenadas que propiciam o surgimento da natureza. A natureza, entendida em seu *status nascendi*,[2] é fruto de um ambiente ou de um conjunto deles (marítimo, geológico, aéreo) no qual encontra condições favoráveis para o surgimento da vida. Assim, ao falarmos aqui de "ambiente", pensamos nas condições naturais de um dado

---

[2] Em estado de nascimento ou ainda em sua fase primeira, enquanto ainda sem a interferência de outrem.

local, as quais se autorregulam, orientando-se de modo harmônico para a composição de formas de vida.

Já para o "meio ambiente", o diferencial pode se depreender exatamente do termo "meio". Deve-se ter presente aqui a semântica latina de *medium* como "intermediário", no sentido de que há um *inter-medio*, um meio próprio de se chegar de um lugar a outro. Para esta reflexão, consideramos que existe um "meio" próprio para que o ser humano chegue ao ambiente natural, ou aos ambientes que compõem o que entendemos por natureza. Esse dado já nos deve chamar a atenção para o fato de que a diferença entre ambiente e meio ambiente incide basicamente sobre este último como uma criação humana. Diferentemente daquilo que é essencialmente natural, ele é cultural. Vejamos melhor.

Criar um "meio" próprio para que o ser humano se aproxime do dado natural é uma necessidade essencialmente antropológica. Toda análise humana pede um objeto, resultado de um sujeito analisador que formula (dá forma a) aquilo que experimenta. Assim, o ser humano não somente experimenta, mas o faz interpretando aquilo que experimenta, dando formas lógicas àquilo que experimentou, constituindo um quadro interpretativo para ler o objeto experimentado. É um processo de passagem do intelecto da natureza à forma de conhecimento.

Logo, "meio ambiente" é o modo próprio (meio) como o ser humano se apropria da autonomia dos ecossistemas que compõem o "ambiente" da natureza, neles interfere e com eles interage. Nesse sentido, o meio ambiente não é senão o quadro interpretativo, presente no imaginário social de uma determinada cultura, de como é o ambiente. Se este diz respeito a aspectos internos da natureza, aquele se reporta aos aspectos externos que interferem em Gaia, o organismo vivo que é o planeta Terra.

Desse modo, a dimensão ambiental – ou "meio ambiental" –, do modo como se apresenta hoje, insere-se na ecologia moderna como um amplo movimento para além de suas atividades militantes e políticas. É necessário, além de olhar para as políticas públicas de desenvolvimento sustentável, reler o quadro interpretativo da cultura em que se insere o conceito de meio ambiente – e mesmo de ecologia – como formado por valores interpenetrantes. Nisso o substrato teológico pode ser incisivo para formar ou *de-formar* a consciência ecológica e "meio ambiental".

A CRISE DE CONSCIÊNCIA ECOLÓGICA E "MEIO AMBIENTAL"

Um fato curioso e pertinente para a presente reflexão está ligado a um grande nome do movimento ecológico do Brasil e conhecido internacionalmente: José Antonio Lutzenberger, ambientalista gaúcho respeitado mundialmente por suas lutas iniciadas na década de 1970, que levavam a sério a questão do desenvolvimento sustentável, especialmente na agricultura e no uso de recursos não renováveis, e alertava para os riscos da globalização. Lutzenberger (1926-2002) nasceu em Porto Alegre e formou-se em agronomia pela Universidade Federal do Rio Grande do Sul (UFRGS). Concentrou suas pesquisas em edafologia e agroquímica na Louisiana State University, nos Estados Unidos. Em 1971, abandonou a carreira de executivo da Badische Anilin & Soda Fabrik (Basf) e criou a Associação Gaúcha de Proteção ao Ambiente Natural (Agapan), uma das primeiras entidades ambientalistas do Brasil, forçando o fechamento de indústrias poluidoras, atacando os desmatamentos, agrotóxicos e transgênicos. Em 1987, criou a Fundação Gaia, da qual foi presidente vitalício. Dentre várias atividades para promover um desenvolvimento realmente sustentável, a Gaia oferece uma consultoria ambiental que difunde a agricultura regenerativa, a educação ambiental e a reciclagem de lixo urbano. Em 1997, assinou um contrato de assessoria ambiental com o governo do estado do Amazonas para promover o desenvolvimento sustentável, incluindo a identificação e análise de projetos e trabalhos existentes no estado para estimular e fomentar atividades de exploração racional e sustentável de recursos naturais, como a floresta, a pesca e os recursos minerais; assessorar a elaboração de um zoneamento agroecológico e colaborar na estruturação de um sistema eficaz e transparente de monitoramento das atividades de exploração e preservação no estado do Amazonas. Após sua morte, seu corpo foi enterrado sem caixão, enrolado num pano, no próprio santuário ecológico Rincão Gaia.

"Lutz" (como também era chamado por quem convivia com ele) levantou diversas bandeiras que deram forma e concretude ao movimento ecológico gaúcho e brasileiro, inserindo-os no palco das discussões mundiais. Estas abrangiam desde a luta contra o uso de agrotóxicos na agricultura, passando pela crítica ao uso da energia nuclear e ao Programa Nuclear Brasileiro, a defesa da Amazônia e das culturas indígenas, a criação de parques e reservas ecológicas no Rio Grande do Sul, críticas constantes aos megaempreendimentos industriais, à perda da biodiversidade, à produção de alimentos transgênicos, até a campanha contra o modelo de reforma agrária que se discutia no Brasil.

Tais bandeiras lhe deram, além de vários prêmios e títulos de *doctor honoris causa* no Brasil e em outros países, o Right Livelihood Award de 1988, conhecido como "Prêmio Nobel Alternativo", em Estocolmo, Suécia. Atuou politicamente como secretário especial do meio ambiente da Presidência da República Federativa do Brasil, permanecendo nesse cargo até abril de 1992. Teve papel decisivo na demarcação dos territórios indígenas, em especial o dos ianomâmis, na decisão do Brasil de abandonar a bomba atômica, na assinatura do Tratado da Antártida e na Convenção das Baleias. Participou, ainda, das conferências preparatórias da Rio 92.

O fato curioso mencionado no início desta nossa conversa ocorreu quando esse nobre ecologista, segundo seu próprio relato, foi "pessoalmente agredido" por um "imbecil vandalismo" na frente de sua casa: ali mesmo, com uma das árvores (Brachichiton) de que ele mesmo vinha cuidando para que se recuperasse "após ter se inclinado alguns anos atrás em consequência de tempestade".[3] Segundo ele, a "árvore estava escorada, não apresentando perigo de queda, estava sob intensivos cuidados [...] com dendrocirurgia e tratamento de recuperação das raízes", quando de repente foi podada por funcionários municipais. Tal fato o levou a escrever para o secretário municipal do meio ambiente sobre a lamentável situação dos "técnicos" que "são tão despreocupados" e acabam por deixar as decisões sobre o modo de podar com simples operários que não têm conhecimento para tanto, o que atestava a "burrice do serviço". Essa equipe, mais tarde, ao tentar tirar o "toco" daquela "absurda demolição da árvore" da sua calçada, "nem trabalho limpo sabe fazer e considerações estéticas parecem desconhecer",[4] segundo o ecologista. Não obstante, ameaçaram processar Lutzenberger, fato esse acolhido por ele com "grande satisfação", pois o obrigaria a fazer um "documentá-

---

[3] Carta enviada a Hideraldo Carron, secretário municipal de Meio Ambiente de Porto Alegre, em 26-8-1998. Disponível em http://www.fgaia.org.br (acesso em 10-6-2004).

[4] Segunda carta enviada a Hideraldo Carron, secretário municipal de Meio Ambiente de Porto Alegre, em 3-9-1998. Disponível em http://www.fgaia.org.br (acesso em 10-6-2004).

rio ilustrado da vergonhosa situação das árvores de rua, das praças, jardins e parques de Porto Alegre", para o qual dizia já dispor de várias cartas de apoio dos moradores e farta coleção de fotos. O renomado ambientalista reclamava daqueles funcionários "incapazes, comodistas e desmotivados".

Incapacidade, comodismo e desmotivação ecológica

O caso envolvendo Lutzenberger serve de paradigma para revelar a parca compreensão da questão ecológica que a sociedade – e até mesmo as instituições religiosas tradicionais – possuem. No fundo, quem está aquém da problemática e da complexidade ecológica apresenta a mesma mentalidade subjacente nos referidos "técnicos", isto é: um modo de ver o mundo incapaz, comodista e desmotivado para a causa ecológica, adjetivos que derivam de causas estruturais.

Incapacidade ecológica

Nossa sociedade moderna se revela verdadeiramente "incapaz" de uma consciência ecológica, seja esta entendida num conceito amplo ou reduzido, uma vez que se rege pela economia acima de tudo e que esta significa "ciência do crescimento ilimitado". O mundo moderno tem suas raízes no Renascimento e no Iluminismo – grosso modo, portanto, no antropocentrismo, que vê o homem (não necessariamente o gênero feminino) como senhor do universo, julgando ter liberdade absoluta para decidir como bem entender sobre si e sobre o planeta que habita. E a crença absoluta na "razão" profundamente empírica e de base cartesiana colocando-nos como observadores externos da natureza. Daí o conceito de "ambiente natural". Diz Lutzenberger: "O ambiente é visto como algo externo a nós, no qual estamos total e umbilicalmente imersos, é verdade, mas que não faz parte de nosso ser – uma dicotomia bem clara" (1994).[5]

Essa cosmologia subjacente serviu de base para a Revolução Industrial e seu modo de produção, seja ele socialista ou liberal-burguês. O mundo deixou de ser respeitado como era na Revolução Agrícola, em que a terra e a natureza eram tidas como parceiras do gênero humano. Numa economia de subsistência, o ser humano pedia da terra o que dela precisava para viver e ela retribuía, e sempre acolhia o trabalhador, pois sempre havia emprego, sempre havia espaço de moradia no campo e não havia, portanto, a preocupação com o amanhã. A Mãe Terra sempre acolheria seus filhos.

Passamos, a partir da Revolução Industrial (responsável pelo processo de urbanização), para a economia do lucro, em que é necessário encontrar trabalho na cidade e buscar um espaço de moradia urbana. Para isso, precisamos de renda, a qual, se for perdida, colocará em risco nosso futuro. Assim,

---

[5] Texto escrito em 1986 e ampliado em 1994, disponível em http://www.fgaia.org.br/ (acesso em 15-5-2012).

a cidade gera a preocupação com o futuro, que cria, por sua vez, a necessidade de acumular bens para garanti-lo. Surge a sociedade de consumo. Se há consumo, deve haver produção e, como o futuro é incerto, é necessário acumular, o que exige maior produção, o que, por sua vez, gera mais lucro. Essa mentalidade do "homem econômico", que procura a vantagem para si em tudo *hoje*, porque o futuro é incerto, é uma das causas principais da destruição da natureza. O homem a explora sem limites a fim de poder tirar maior vantagem, gerando incalculáveis desastres ecológicos e danos irreversíveis.

Essa mentalidade que reduz o cosmo a mera fonte de recursos naturais, que se pensava serem ilimitados – a crença do progresso ilimitado tem essa concepção dos recursos naturais –, é incapaz de ser eticamente ecológica. Para tal mentalidade, responsabilidade ecológica é sinônimo de perda de lucros e de gastos com cuidados desnecessários. Assim, faz-se o possível para não acarretar maiores (e desnecessárias) despesas.

Comodismo ecológico

Não pode haver *in-cômodo* se nos sentirmos indiferentes ao mundo e ingenuamente confortáveis com o processo de exploração que oferece os mais diversos produtos que consumimos. Não pode haver um *cor inquietum*[6] se simples-

---

[6] Expressão usada por Santo Agostinho, especialmente em *Confissões*. Diz respeito ao "coração inquieto" do ser humano, que anseia por algo mais.

mente enxergarmos o mundo como uma fonte de recursos naturais. Pode-se até acabar por ser conivente com o modo de produção exploradora ao se pensar que, se não explorar tais recursos, não haverá o conforto da vida moderna. Isso é sentido especialmente em países onde o consumismo não tem limites, vigorando a política do descartável. O problema não é o conforto, mas o conforto ingênuo e irresponsável. O famoso vídeo *História das coisas* mostra que, se o modo de consumo dos Estados Unidos se estendesse para todo o planeta, precisaríamos de mais três planetas só para acumular o lixo produzido.

Como podemos nos sentir incomodados por algo que aparentemente nos beneficia? Como perceber que o uso de inseticidas com clorofluorocarboneto (CFC) para cuidar de nossa casa estava destruindo uma casa muito maior, o planeta Terra?

O ser humano só se incomoda com o que julga essencial para sua vida e, se ingenuamente enxerga a natureza como a fonte de suas delícias modernas e as árvores como um mero enfeite que pode ser substituído a qualquer momento, acaba cuidando mais de árvores de Natal do que das árvores propriamente ditas. E árvores de Natal custam caro! O homem econômico julga essencial o que afeta seu bolso, pois o que afeta o bolso afeta o futuro, e a árvore, num olhar ingênuo, não parece me incomodar hoje, pois não afeta *hoje* o meu futuro.

Desmotivação ecológica

Com efeito, a ecologia parece, para um bom número de pessoas (até religiosas), algo distante, coisa para "quem tem tempo", como os membros do Greenpeace, da WWF e do Partido Verde. Não é algo para quem tem que trabalhar para pagar contas, tem pouco tempo para educar os filhos, ou mesmo não pode perder tempo com tais coisas porque precisa "evangelizar"... Não raro, em tal mentalidade, os movimentos ecológicos são confundidos com bandos de pessoas "desordeiras" que não têm o que fazer.

Mesmo as Igrejas cristãs têm sua parcela de responsabilidade pela desmotivação ecológica de seus fiéis, quando alimentam o imaginário social com uma visão do século XVI,[7] que privilegia

---

[7] O Concílio de Trento (1545-1563), por exemplo, foi de suma importância para a reconstrução do imaginário social católico imerso numa profunda superstição. O mundo "sobrenatural" do imaginário social religioso ao sair da Idade Média envolvia o povo como uma alternativa supervalorizada, uma saída dos problemas aparentemente sem solução diante da difícil realidade que se vivia. A Igreja tridentina concentrou-se na elevação do nível do imaginário social, vendo que tudo o que há não é uma verdadeira realidade, mas mera provação em vista de uma pátria definitiva. Tal enfoque, com o passar do tempo, foi-se firmando como dicotômico, estabelecendo uma distinção da realidade como *sagrada* e *profana*. Nesta terra é travada a luta entre o bem e o mal. Os seres celestiais estão aqui para nos proteger e ajudar a salvar nossas "almas". Há uma ênfase no período tridentino, que se desloca do corpo para a alma. O corpo torna-se o grande inimigo da salvação da alma, pois as tentações são da carne. Essa supervalorização do Céu em detrimento da Terra pode ser vista até mesmo na espiritualidade de muitos santos, como São Luís Gonzaga: "*Quid hoc ad aeternitatem?*" ("Que vale isso para a eternidade?"). Esse sentido profundo da caducidade desse mundo em vista de uma salvação eterna vai-se estabelecendo cada vez mais na consciência de toda uma época cimentada por constantes guerras e baixa expectativa de vida.

a vida voltada para o Céu em detrimento da Terra, ou quando pouco faz para substituir tal visão. Como pode um cristão se empenhar na responsabilidade ecológica se para ele a santidade se orienta exclusivamente para o Céu? Como pode se responsabilizar pela natureza se sua vida só vê sentido na *sobre-natureza*?

NÃO ESPERAR O "DIA SEGUINTE"

Não há como pensarmos que não interagimos com o ambiente, pois ninguém é neutro em relação ao meio ambiente. Como diria o filósofo espanhol Ortega y Gasset (1883-1955), "*yo soy yo y mi circunstancia*" (1967, p. 51).[8] Todo ser vivo estabelece uma relação com o seu entorno e, consequentemente, com o meio ambiente. Desde pequenos aprendemos que estamos intermitentemente respirando o ar por causa da nossa necessidade de oxigênio, ao mesmo tempo que lançamos gás carbônico na atmosfera, o qual alimenta as plantas; precisamos de água para nos hidratar; de acordo com o clima de determinado dia nos organizamos no modo como vamos nos locomover ou se há viabilidade para sair de casa, e escolhemos a roupa que vestiremos. Essas questões mais triviais e óbvias do cotidiano já servem para percebermos como somos imersos nas condições ambientais que nos impactam.

---

[8] "Eu sou eu e minha circunstância."

A questão, portanto, é modo como nos posicionamos em relação ao meio ambiente; a maneira como nossa relação impacta nosso entorno, especificamente a natureza. O filme de ficção *O dia depois de amanhã* (2004) impressiona mais pelos efeitos visuais do que por sua mensagem de que adiamos indefinidamente nossa responsabilidade ambiental, e pode ser que se atinjam danos irreversíveis.

Isso é algo para que o velho Drummond já alertava em seu poema: "A vida harmoniosa não se restaura no 'dia seguinte'" (Andrade, 2006). O planeta leva milhares de anos para reencontrar seu equilíbrio cósmico; não é alguma invenção que algum cientista "irá" desenvolver que poderá reverter o quadro. O ser humano ocidental vive a ilusão de que seu conhecimento tecnológico pode dominar o mundo, e a natureza tem mostrado que suas forças são infinitamente maiores do que é possível prever, haja vista os estragos climáticos a despeito de toda a tecnologia existente. O planeta não depende de nós para existir; nós é que precisamos dele. A preocupação com o meio ambiente não é uma questão de compaixão com o planeta, tampouco uma preocupação exclusiva das gerações futuras, para que possamos protelar as consequências danosas de nossas ações para nossos filhos e netos, mas uma realidade já candente e impossível de ignorar. Basta chover um pouco mais forte ou por um período um pouco maior de tempo para que as grandes capitais parem. Mesmo assim, nem todos sentem a necessidade de pensar uma política pública ambiental.

Mais que isso, a questão ambiental envolve descobrir um novo modo de relação com o mundo. A crise de paradigmas é tamanha que voltamos à necessidade já sentida pelos gregos de aprender com o cosmo (o universo organizado) como viver na pólis (a cidade que representa tal organização). Mas, ainda citando Drummond, a questão do tempo em que começaremos a fazer alguma coisa – pois não sabemos direito ainda como intervir – não é tanto um problema cronológico, mas existencial, já que o "ranúnculo da esperança" também não brota no dia seguinte. É típico de nosso poeta brincar com a erudição de nossa língua pátria. Ranúnculo é um tipo de planta que se caracteriza por sua seiva acre. A seiva é o elemento vital de uma planta, aquilo que corre em suas veias. Nesse tipo de planta, o acre pode ser uma substância picante, ácida ou amarga que causa irritação, e/ou aquele gosto amargo que se sente ao tomar, por exemplo, chá de boldo, cujo impacto não pode ser ignorado.

Parece que o poeta mineiro quer nos dizer que a esperança nasce da indignação amarga com este mundo, pois a raiz latina *acer* também nos brinda com o superlativo "acérrimo", denotando a ideia de "perseverança", fruto da esperança. Mas ele adverte: a esperança não nasce amanhã. Ela é como o gosto de um chá amargo, sentida no mesmo momento em que é ingerido. A esperança é para aqueles que hoje olham para a sociedade e não se conformam, não para aqueles que acham que amanhã alguém fará alguma coisa. Isso não é esperança, mas irresponsabilidade. A esperança não nasce no dia seguinte, mas vem em auxílio daquele que sentiu a amargura da vida e cuja consciência não permite que não faça nada. A esperança tem suas sementes lançadas no solo do presente e é cultivada na seiva da indignação humana.

COMO PODEMOS ENTENDER A TEOLOGIA?

> Fides quaerens intellectum.[1]
> *Santo Anselmo*

A teologia é uma grande desconhecida. Muitos têm um palpite do que ela seja: estudo sobre religiões, tratados metafísicos sobre o ser de Deus, coisa de padres, monges, freiras ou pastores. Ou, como responde minha mãe, cabalmente e sem mais delongas, quando lhe perguntam sobre o que o filho faz: "Ele estuda as coisas de Deus".

Outro dia, um amigo de grande erudição e de certa cultura teológica me perguntava se fazer teologia não seria um "repeteco" daquilo que já foi dito sobre Deus, presente nos corpos doutrinais das religiões. Eu lhe respondi que parte da teologia, sim, devia tributo a toda uma gama de pensadores, homens e mulheres de fé que ajudaram a estabelecer uma

---

[1] "A fé que busca entender."

sistematização e uma identidade – ou várias sistematizações – de pensamento em virtude de uma experiência mística e transformadora que um dia tiveram.

Mas, como cada tempo tem suas mazelas, a teologia também tem um grande desafio: ajudar os homens e mulheres de seu tempo a encontrar um sentido de vida que lhes dê razões para viver e consciência para conviver e se comprometer com a vida, acreditando que aquela experiência fontal com o Mistério da Vida, que chamamos Deus, ainda tem algo a dizer ao ser humano contemporâneo. Assim, a "arte" teológica, como forma de pensar, desenvolve-se *sub ratio Dei* (a partir das razões de Deus), como diria São Tomás de Aquino.

Entendida em seu sentido clássico, a arte é o conjunto de procedimentos que serve à produção de um resultado determinado, ou seja, o trabalho de um artesão, com regras e procedimentos próprios de um ofício. Portanto, a teologia deve situar-se dentro da temporalidade humana, integrando o passado, sabendo ouvir os grandes mestres, sendo fiel ao momento presente na medida em que assume as chagas de seu tempo, projetando o coração humano para um novo futuro possível, a serviço da esperança, tocando diretamente num ponto nevrálgico da existência: o senso de que a vida é sagrada.

BREVÍSSIMA HISTÓRIA DE UM TERMO QUE FEZ HISTÓRIA

Como sentenciou o pai da medicina, Hipócrates, *ars longa, vita brevis*.[2] Toda uma vida dedicada à arte teológica ainda seria pouco para qualquer pretensão de dominar a questão. Como toda arte que atinge o radicalmente humano, a teologia perdura pelos séculos na medida em que mantém sua capacidade de conferir significação à existência. Pode parecer estranho que se fale de teologia voltada para o ser humano, pois em princípio se pensa que ela deve estar voltada para as "coisas de Deus". Entretanto, o objeto da teologia não é Deus propriamente dito, pois este é e sempre permanecerá um Mistério. A palavra Deus não é uma palavra como qualquer outra na tradição filosófica e teológica; ela corresponde ao Ser das coisas e, portanto, à dimensão essencial de tudo que existe, e isso escapa de nossa capacidade cognitiva. Como, então, entender esse Deus? A filosofia clássica tentou pelo caminho da metafísica, aplicando princípios de não contradição à ideia de que se tudo existe em uma certa ordem, então o criador dessa ordem é visto como uma ideia perfeita, ou, ainda, como um motor que movimenta todas as coisas...

Mas a teologia não entende que seja Deus esse objeto, e sim a sua manifestação na história que recebeu o nome de

---

[2] "A arte é longa e a vida é breve."

Revelação. Esta se dá pela percepção de que algo acontece ao longo da história e provoca reações que impulsionam o ser humano a uma experiência de sentido. A Revelação é um modo de Deus agir na vida do ser humano, seu principal receptor. Para a teologia, essa Revelação não se esgota, mas continua a se dar a conhecer. E, para ser mais bem identificada, ela seleciona aquilo que chama de fontes da Revelação.

A Revelação que aqui abordamos é tematizada de dois modos pela teologia cristã, a saber: *a-lethéia* e a *revelatio*. Na teologia grega, *alethéia* está ligada à ideia de um *des-velamento*, uma experiência de descoberta, de tirar o véu de algo que se dá a conhecer em um instante de manifestação no qual a vida encontra sentido. Já a tradição latina enfatizou a ideia de *re-velatio*, pois esse Mistério que se dá a conhecer volta a se velar, pois não o dominamos, de modo que não pode ser controlado. Esse retraimento do Mistério coloca a existência em dinâmica de busca.

Tal processo de Revelação contém alguns estágios de desenvolvimento. Poderíamos pensar como um *a priori* da Revelação a constatação de um Mistério na vida – não um mistério como algo assustador ou que não tem explicação, exigindo a suspensão da razão para ser aceito, mas um mistério perceptível pela condição humana. Antecede essa percepção a constatação de finitude da existência, marcada pelo absurdo primeiro da morte. A morte inaugura a historicidade da existência ao delimitar um tempo para a vida se desenvolver, mas esse tempo mesmo é desconhecido ao ser humano. Assim, a morte por si só retira qualquer garantia à vida humana, e esta vai descobrindo que garantia é algo insólito e liquefeito na vida, na medida em que não há nada que o ser humano possa fazer. O indivíduo não tem garantia de que estará vivo ao terminar de ler este livro, por exemplo, ou de que as pessoas que ama estarão com ele ao longo dos anos, seja lá qual for o motivo, ou, ainda, não tem garantia de que qualquer coisa que dê sentido à sua vida perdurará por toda a existência. A vida não faz sentido por sua extrema vulnerabilidade e falta de garantia, e há apenas a convicção da morte.

No entanto, mesmo com toda a "caoticidade" presente, há algo de misterioso nesta vida, pois apesar de tudo ainda encontramos um sentido para viver, pessoas para amar e que nos amem, uma missão a desempenhar, uma vocação a seguir... mesmo a vida não fazendo sentido, misteriosamente encontramos sentido para viver, e eis o grande Mistério. Para a teologia, esse Mistério não só se constata como Ele mesmo se comunica.

Podemos pensar, então, em estágios de recepção desse Mistério que se autocomunica, o qual chamamos de Revelação. O *primeiro* estágio de percepção da Revelação é uma *experiência de sentido transcendente*, enquanto experiência de um místico que passa a ler a vida e a viver em consonância com essa experiência religiosa. Os grandes fundadores das grandes religiões históricas são grandes místicos. O *segundo* estágio da

Revelação é um desdobramento do primeiro, pois essa experiência do místico não fica presa a si mesma; é preciso *instituir um caminho de busca* para que outros façam a experiência do místico e, assim, identificando-se com ela, formem uma comunidade religiosa. Nessa instituição do caminho de busca se desenvolve, não raro, uma literatura religiosa como forma de provocar a imitação dessa trajetória que conduz à divindade e evitar o caminho que distancia da experiência de sentido que o encontro com o Mistério provoca; uma sabedoria de vida que vai se desdobrando do contato com essa experiência e do olhar que ela provoca à realidade e às culturas; de ritos e símbolos que possam reavivar a experiência efetiva e afetiva do místico; uma consciência ética advinda da experiência de transcendência que alarga os horizontes existenciais, como modo de se aproximar da divindade e de uma maior compreensão de hábitat.

Tal caminho instituído é o cerne de uma religião. Com o cristianismo não foi diferente, pois aquilo que o cristianismo chama de Revelação advém da experiência de Deus feita por Jesus Cristo; os caminhos foram instituídos para que outros também a fizessem e façam, e daí o desenvolvimento da literatura cristã, sobretudo do Evangelho, de uma forma de pensar teologicamente que contém uma sabedoria cristã, da liturgia e de uma visão ética de mundo.

Entretanto, historicamente, tais instituições religiosas que se manifestam inicialmente como verdadeiras escolas de vida acabam por ser cooptadas por regimes políticos, e estes as instituem como religião oficial e unem tais procedimentos aos processos civilizatórios de determinados povos. Toda grande religião incorreu na tentação de se tornar uma teocracia em que os espaços de decisão política procuram encontrar legitimação em fundamentos religiosos, em que a lei civil coincide com a "lei divina" e acaba por exercer uma função de dominação cultural dos territórios conquistados pelos poderes estabelecidos. Tal contexto compõe o cenário de recepção da Revelação (Wach, 1986; Troeltsch, 1944; Schrecker, 1975), em que a dominação cultural nem sempre se preocupou em conduzir as pessoas a fazerem a experiência do Sagrado com condição de identificação pessoal para adesão a um caminho de busca, porque, uma vez que a pessoa nasça em um território oficialmente religioso, isto já é parte da instituição, dispensando a busca.

Dentro dessa concepção acentuadamente institucional e meramente cultural da religião, tudo o que lhe compõe o cerne como caminho de busca sofre um sério reducionismo. Desse modo, o que era *dogma* enquanto verdade experienciada e refletida que constituía uma verdade dogmático-existencial, composta pela literatura religiosa e pela sabedoria que vai sendo conquistada, passa a ser *dogmatismo* do dominador para com o dominado como imposição de ideias; *sabedoria* se reduz a exemplos retóricos de sustentação da teocracia; ritos e símbolos enquanto apontadores de uma experiência mística passam a ser um *ritualismo* confirmador da aceitação na sociedade; a *ética* enquanto expressão de uma busca que mais humaniza é reduzida a um *moralismo* como imposição de costumes, amparada pela forma de legalismo. Sendo assim em sua ambiguidade formal entre poder instituído e religião instituída, na medida em que o poder não deseja ser questionado, a religião passa a ser apresentada como inquestionável, por oferecer os pilares de sustentação do poder político, que consequentemente passa a ser inquestionável, ao menos na consciência da população não reflexiva da teologia em época de teocracia. A educação da fé, nesse contexto, é uma educação de aceitação de afirmações previamente pensadas e que dispensam a dúvida do indivíduo, pois duvidar da religião na teocracia é, consequentemente, duvidar do representante político da sociedade, "ungido" por Deus. Assim, a teocracia pede uma teodiceia,[3] seja enquanto teoria, seja enquanto mentalidade de uma cultura, enquanto tenta justificar toda a realidade em causas divinas, deixando de entender a Revelação como uma busca de sentido, reduzindo-a a uma leitura de resignação dos fatos, ainda que eles afetem de modo desestabilizador a dinâmica da vida.

---

[3] Teodiceia é um termo criado por Gottfried Wilhelm von Leibniz (1646-1716) que pretende mostrar a *Theós diké* (justiça de Deus). A teodiceia corresponde a uma leitura do mundo em que a categoria "vontade de Deus" acaba por justificar as ações políticas de determinado poder estabelecido ou em vias de se estabelecer, perpetuando-se por meio de uma mentalidade religiosa.

Esse reducionismo da consciência da Revelação ainda pode ser identificado em uma outra forma, quando se identifica o fenômeno de uma transmissão catequética que se limita a um conjunto de ideias e a uma determinação de ritos e costumes nos quais não se percebe uma hermenêutica da graça, mas um exercício retórico para aceitação de afirmações a partir das quais a pessoa, no decorrer de seus anos, pode (e não raro assim o faz) deixar de ver pertinência entre tal reducionismo doutrinal e sua busca de sentido. E é ainda possível que passe um arco de tempo na sua vida sem se preocupar com essa questão, tendo mera lembrança do que aprendeu na infância e que se manifesta em gestos culturais esporádicos, até que, em um momento de crise (no qual o sentido se esvai e se sinta incapaz de prosseguir a vida, constatando sua finitude), recorra a uma busca religiosa e chegue a uma experiência afetiva forte, ainda que episódica, em que se reaviva o sentimento religioso. Entretanto, tal experiência, mesmo em fase adulta, é lida com a mentalidade reducionista que recebeu na infância, como último registro que teve acerca das "coisas de Deus". E, não raro, a pessoa lê a situação de crise que se instalou em sua vida em uma perspectiva de culpa, porque deixou de "praticar" tais coisas de Deus, como se o exercício delas a privasse da experiência do sofrimento e do risco de viver. E, assim, reavivado seu sentimento religioso, enleado em um complexo de culpa, a pessoa passa a reforçar o dogmatismo que ali dormia com uma apologética que impõe suas ideias, com uma rigidez ritualista na qual a mínima mudança periférica é tida como um sacrilégio, e com um moralismo que não considera processos de crescimento, mas tão somente o cumprimento da lei. E ainda se pode constatar que em tais casos, nos quais o Mistério é visto dentro desse reducionismo, em que tudo o que passa a acontecer reside em uma causa divina, Deus ocupa o lugar do ser humano, ou, ainda, a teodiceia ocupa o lugar da patodiceia,[4] sendo necessário que as religiões cooptadas pelas teocracias vistas como "representantes de Deus" na Terra, entendendo-se como portadoras de uma infalibilidade servil que nunca erra, sustentem uma percepção escorada na compreensão reducionista da Revelação. Dizer que uma "religião não erra" é uma forma sofisticada de o indivíduo se eximir da responsabilidade de seus atos, refletidos a partir da sua realidade contextual e histórica, pois, se uma instituição não erra em absoluto, é mais fácil repetir o que ela diz. No entanto, a recepção do que ela diz é enviesada na estreita concepção do indivíduo, e da qual emergem os fundamentalismos. O fundamentalismo não é senão uma experiência religiosa lida em mentalidade infantilizada, quando não ingênua.

---

[4] Patodiceia é um termo usado por Viktor Frankl a fim de traduzir a necessidade da condição humana de aprender a responder (*diké*) aos acontecimentos fatídicos da vida, sobre os quais a pessoa não tem controle e que a afetam (*pathos*), o que é conseguido na medida em que encontra um sentido para vida como motivação profunda para tal "responsabilidade" – responder aos desafios da vida sem perder de vista o que dá sentido à própria existência.

Boa parte da tarefa da teologia moderna é depurar os resquícios de uma teocracia e, sobretudo, de uma teodiceia que sustentava aquela com uma mentalidade na qual a vontade de Deus anula a vontade humana.

Atualmente, a teologia apresenta inúmeros desenvolvimentos investigativos e decorrentes desdobramentos ao assumir a condição humana como ponto de partida para o discurso teológico, o que chamamos de *virada antropológica*. Tal virada diz respeito ao abandono de um pressuposto de perfeição do mundo para partir da constatação da percepção da realidade em direção a um discurso mais pertinente e que resgate a sua capacidade de esperança (Moltmann, 2003). Aqui queremos, então, falar de uma teopatodiceia (Villas Boas, 2011) e, portanto, não de uma visão de mundo em que tudo o que acontece reside em uma vontade apática divina. Queremos falar de, diante da necessidade de encontrar um sentido para a vida (patodiceia), aproximarmos o olhar da essência da religião, superada uma mentalidade de teodiceia, com uma perspectiva de que esta vida contém o Mistério próprio de poder encontrar um sentido e que, nessa busca – para as religiões e para a concepção cristã de teologia em particular aqui –, esse Mistério se dá a conhecer como uma presença que provoca a descoberta desse sentido para a vida.

A pesquisa em teologia atualmente se concentra em três grandes áreas: 1) bíblica, 2) sistemática e 3) prática ou pastoral.

Dentro do que se chama de teologia bíblica existem duas grandes subdivisões, a saber: teologia veterotestamentária, referente ao Primeiro Testamento (ou, como é mais conhecido, Antigo Testamento) e teologia neotestamentária, ou Segundo Testamento, referente ao Novo Testamento. Tanto na teologia veterotestamentária quanto na neotestamentária, cada livro pode representar um núcleo próprio de pesquisa. Assim, temos especialistas em Pentateuco (os cinco primeiros livros da Bíblia), em literatura profética, salmos, literatura deuteronomista, literatura sinótica (referente aos evangelhos de Mateus, Marcos e Lucas, por sua proximidade estrutural), literatura joanina (referente ao Evangelho de João), apocalíptica, etc. A teologia bíblica conta com ciências auxiliares como instrumentais teóricos, como as línguas originais dos escritos bíblicos (hebraico, aramaico e grego); as línguas das traduções mais importantes, como latim, copta e outras; ou ainda as línguas antigas presentes no universo do tempo bíblico, como o sumério, o acádio e os hieróglifos egípcios; a filologia e a arqueologia, a fim de decifrar os códigos culturais e comportamentais do mundo antigo; a sociologia e a antropologia, a fim de descrever os movimentos e leis sociais, as culturas e cosmovisões do mundo antigo; a hermenêutica e a exegese como instrumentais literários de aproximação crítica dos textos, etc.

A teologia sistemática, também conhecida como dogmática, é a que mais se aproxima da filosofia, em seu esforço de sistematizar os tratados clássicos da fé e dialogar com o pensamento de seu tempo. Normalmente, é classificada em subáreas, a saber: cristologia, eclesiologia (dedicada a pensar a questão das igrejas), pneumatologia (voltada à ação de Deus misteriosa e operante na vida, chamada Espírito Santo), patrologia (estudo dos "padres" ou pais da Igreja, referente ao cristianismo nascente), antropologia teológica, teologia da Graça, escatologia (sobre as coisas finais), teologia espiritual (estudo de Maria, a mãe de Jesus, na tradição católica e ortodoxa, mas também pode ser encontrada na tradição protestante), teologia dos sacramentos, liturgia, teologia filosófica e outras. Finalmente, a teologia prática ou pastoral é uma reflexão sobre a incidência concreta e direta do labor teológico e da prática cristã na vida da pessoa e da sociedade. Subdivide-se em: moral fundamental, moral pessoal (alguns incluem aqui a bioética; outros preferem conferir a esta um âmbito próprio) e moral social; pastoral de conjunto; psicologia pastoral; direito canônico; administração paroquial, etc.

Não raro a teologia faz aproximações de grande riqueza com outras áreas do saber, e até mesmo procura contextualizar-se no eixo espaço-tempo. Além da teologia e da filosofia, que estabeleceram um diálogo clássico, temos também: teologia e sociologia, teologia e psicologia, teologia e literatura, teologia e história, sem contar as aproximações críticas de ênfase ética sobre tantas outras áreas, como a biogenética, as ciências políticas, sociais, econômicas, etc. Depois da década de 1960 surgiram as teologias contextualizadas: teologia latino-americana (que versa sobre as questões político-sócio-econômicas que afetam o ser bio-psíquico-espiritual, dentro da temática da libertação das estruturas); teologia africana (envolvida na questão das tribos e suas reconciliações sociais); teologia asiática (diálogo com as grandes religiões orientais como budismo e hinduísmo, num contexto de valores culturais); teologia europeia (de tom ontológico-existencial, muito forte no período pós-guerra), etc.

Não obstante, suas divisões históricas resultaram em tradições teológicas distintas: teologia católica, teologia luterana, teologia calvinista ou reformada, teologia ortodoxa (grega, greco-melquita, russa, etc.), teologia anglicana, entre outras. Mesmo dentro dessas famílias teológicas há diferenças e divergências. A teologia assumiu muitas faces, fincou raízes profundas, desmembrou-se em muitos ramos, teve galhos cortados que germinaram em outros troncos, transformou-se numa exótica e protuberante floresta e, como tudo nesse mundo globalizado, também virou produto de prateleira de supermercado. Aqui, de modo especial, vale destacar a chamada teologia da prosperidade, apregoada por algumas denominações ditas cristãs, mas que alimentam um sistema de exploração e consumismo, quando atribui as causas da riqueza às bênçãos de Deus, bem como a pobreza à falta de Deus, desconsiderando toda a questão estrutural da pobreza endêmica de nosso hemisfério. Faz-se necessária, assim, uma "purificação da memória".

A definição clássica de teologia é *fides quaerens intellectum* (a fé que procura entender), de autoria de Santo Anselmo, contrapondo o *credo quia absurdum* (creio porque é absurdo), às vezes atribuído a Tertuliano, entendendo que, apesar de imbuída de mistério, a experiência com Deus tem algo de revelador e elucidador da vida humana. Mas ainda há um longo caminho a se percorrer.

O termo grego *theologia*[5] pode ser traduzido como "discurso sobre as coisas divinas" e foi utilizado desse modo originalmente por Platão em seu livro *A República*, no qual analisa o uso pedagógico da mitologia, isto é, as narrativas sobre os deuses gregos utilizadas para explicar a vida e o universo. Também Aristóteles, na *Metafísica I* e *II*, chama Homero e Hesíodo de teólogos, diferenciando-os dos filósofos. E, na *Metafísica V* e *X*, dirige-se ao "conhecimento teológico" como a mais alta das três ciências *teo-ricas*, seguida da matemática e da física. Para os estoicos, a teologia ganha a aura de disciplina filosófica, distinguindo-se em "teologia mítica" dos poetas, "teologia física" dos filósofos e "teologia política" dos legisladores. Somente com a sobreposição política e cultural do cristianismo sobre o paganismo é que o termo passou a ser "batizado" como cristão e os personagens bíblicos ganharam o título de teólogos, como quem tem algo a dizer sobre Deus. No entanto, mesmo com a "canonização" posterior do termo, podem-se verificar, de fato, uma práxis e uma reflexão teológicas anteriores à nomenclatura oficial, pois toda teologia nasce da experiência de transcendência entendida como a iniciativa

---

[5] Sobre o verbete "teologia", ver Lacoste (2004).

da autocomunicação de Deus. O que queremos apresentar como *teologia* pede uma mudança de referencial no *logos*, visto aqui como a pergunta pelo Sentido da Vida. Assim, na presente obra a teologia será entendida como esta pergunta: qual é a participação de Deus na busca de Sentido da Vida?

Teologia bíblica

Chamamos teologia bíblica o conjunto de princípios e valores presentes nos "livros" (do grego *bíblos*) tidos como sagrados pela tradição cristã. O nome que o judaísmo costuma dar à Bíblia, também conhecida como Bíblia hebraica, é TaNaK, das iniciais *Torá* (Lei), *Nebiim* (Profetas) e *Ketubim* (Escritos). O cristianismo a chama de Sagrada Escritura (*Sacra Scriptura*). Ela é a fonte de toda teologia, pois nela está o *depositum fidei* (depósito da fé), considerado o portador por excelência daquilo que Deus revelou ao ser humano e que só Ele poderia revelar. Aqui, quando falamos em Revelação, não se deve pensar num Deus "hollywoodiano", que entra em cena em meio a efeitos especiais e canhões de luz, mas na manifestação espontânea da presença de Deus na existência, percebida e recebida pelo ser humano em sua subjetividade, provocando-o a ir além de suas limitações, como uma experiência que o ajuda a ser mais humano. Traduzida em forma de sabedoria de vida e poesia, presente no testemunho bíblico, e que vai se transmitindo de geração em geração, tal experiência subjetiva dos grandes líderes fundadores vai se constituindo em certa objetividade da fé e passa a se chamar tradição; aquilo que é inegociável para manter uma identidade, constituindo, assim, uma outra fonte da Revelação, mesmo que esta possa se desenvolver e aprofundar em suas formas de expressão e vivência. Podemos falar de Revelação como conjunto dos diversos modos de Deus formar a consciência humana a partir da própria vida humana.

Nesse contexto é que o surgimento da Escritura como normativa ocorre, a partir de uma consciência de que determinado texto é norma de fé e vida para o povo, pois é vontade de Deus. Na passagem bíblica em que Moisés recebe as palavras do Senhor e as lê ao público (Ex 24,1-11), pode-se perceber essa consciência: "... pegou o livro da Aliança e o leu para o povo. Eles disseram: 'Faremos tudo o que YHWH[6] mandou e obedeceremos'" (Ex 24,7). Outros fatos também apresentam a mesma consciência, por parte do povo, de estar diante de uma lei sagrada e normativa.[7]

Em todas as religiões que fazem uso de algum livro sagrado, ou seja, de uma literatura que narra como a história desse povo é entendida a partir das experiências atribuídas a Deus,

---

[6] Essa forma de escrever o nome de Deus é conhecida como tetragrama (quatro letras) sagrado. Dada a imprecisão da pronúncia original, optamos por pronunciar Senhor (*Adonai* no hebraico) ao depararmos com a sigla.

[7] Ver Dt 31,9-14.24-29; Js 1,8; 4,10; 8,31-35; Ne 8; Jr 30,2; 36; 51,59-64; Is 8,16; Ez 2-3; Hab 2,2; 2Rs 22,1-23.

estas são momentos de grande superação. Aquilo que se chama "cânon das Escrituras" é sempre inevitavelmente posterior às próprias Escrituras. Num primeiro momento, o contato se dá mediante a experiência com a "palavra de Deus", ocorrendo de alguma forma a comunicação da Sua vontade para alguém ou para um povo, que percebe, experimenta, vive e guarda esta mensagem. Assim, os escritos surgem como *testemunho* e *testamento* de uma aliança de vida com o Mistério que a acompanha.

Testamentum em latim diz respeito à "última vontade". Assim, quando se fala em Antigo Testamento e Novo Testamento, subentende-se que ali está a vontade de Deus. Atualmente, com a consciência ecumênica pouco mais acurada, prefere-se falar em Primeiro e Segundo Testamentos, pois em ambos está a vontade de Deus. Assim como o surgimento de um novo irmão não invalida ou menospreza a importância do irmão mais velho, os escritos neotestamentários não devem invalidar a significação dos escritos veterotestamentários.

O surgimento de uma consciência canônica no Primeiro Testamento

Como já dissemos, a experiência com Deus por meio de Sua autocomunicação antecede seu testemunho escrito. Essa autocomunicação foi chamada nos escritos do Primeiro Testamento[8] de *dabar*, em hebraico, "palavra", vocábulo no

---

[8] A partir daqui vamos nos referir a essa categoria como PT.

qual podemos distinguir três ordens de significação principais: 1) o próprio ato de pronunciar uma palavra, falar; 2) o conteúdo ou sentido que essa palavra porta; 3) o evento histórico ao qual a palavra faz menção.

Porém, por ser o hebraico uma língua constituída de uma significação da vida concreta (diferente do grego, por exemplo, que desenvolve seu vocabulário a partir da reflexão abstrata), entende-se que todo *dabar* (palavra) vem acompanhado de *ruah* (hálito). Sendo assim, só é palavra de Deus o *dabar* que for portador de *ruah* de Deus, ou seja, de Seu hálito. A língua hebraica é uma língua pobre em vocábulos mas riquíssima em associações semânticas, em que muitas vezes uma única palavra nos permite toda uma reflexão sobre a vida. O vocábulo *ruah*, de gênero feminino, além de hálito, pode ser traduzido por sopro, ar, vento, tempestade e espírito. Em cada significação semântica de seu substrato linguístico, o hebraico bíblico reflete uma percepção de Deus, como é o caso deste em questão. Assim, a autêntica palavra de Deus, como portadora de seu hálito, é a presença de Deus que se aproxima de nós junto com Sua palavra. E como "ar" nos envolve como atmosfera e nos penetra o interior ao ser respirado. Torna-se ainda "vento", que é ar em movimento com uma direção, e pode ainda ser em nós "tempestade", que, como toda tempestade, não deixa nada como era antes. Assim passamos a ter uma "vida no Espírito", uma relação profunda de intimidade fascinante, orientação da consciência e transformação da existência a partir do Mistério. O *dabar*, palavra de Deus, visa então iluminar a vida e nos colocar em contato com seu Mistério profundo, mas é a *ruah* que realizará o que é expresso pelo *dabar*.

Podemos identificar três formas principais do *dabar* no PT: a Lei (instrução), a sentença sapiencial (conselhos) e o oráculo profético. Em todas essas formas de *dabar* há uma forma de agir da *ruah*. Vejamos melhor cada uma delas e outras ainda, decorrentes do amplo significado do *dabar*.

Lei: a palavra mais utilizada para Lei é Torá, que inicialmente diz respeito ao ensinamento da mãe e do pai para introduzir os filhos no caminho da vida e adverti-los diante das ciladas da morte. Por isso a palavra abrange informação e orientação, instrução e estabelecimento de normas. Para os códigos legislativos encontramos a palavra *mishpa* (direito), que se apresenta praticamente em três códigos: da Aliança (Ex 20,22-23,33), de Santidade (Lv 17-26) e Deuteronômio (Dt 12-26). Temos, ainda, para o conteúdo essencial (ou seja, o que não muda) desses códigos, o plural de *dabar*, *debarim* (palavras), que conhecemos como "mandamentos" (Ex 20,1-2-17; Dt 5,6-21). Assim, Deus é entendido como Aquele que nos educa para a vida a partir do nosso relacionamento filial, e suas palavras têm a força de um imperativo ético, são as palavras de um rei.

Sabedoria: aqui é entendida como o pensamento que leva o homem a conceber o *dabar*. É a *ruah* que inspira a reflexão dos sábios, portanto, esta tem origem divina. Esta sabedoria de Deus é vista como uma pessoa, um mestre que nos ajuda a viver sabiamente.

Oráculo profético: esta é a fórmula privilegiada da atuação divina. Das 241 vezes que aparece no PT a expressão "palavra de Deus", 221 constam dos livros dos profetas. Ocorre uma posse do profeta pela palavra, uma vez que, ao falar, não é mais seu hálito, mas o hálito (espírito) de Deus que se manifesta, numa profunda união entre Deus e a pessoa do mensageiro que faz com que o oráculo profético seja atribuído à divindade. A autenticidade do profeta é reconhecida quando se verifica nele a presença da *qadesh ruah*, o hálito sagrado, o Espírito Santo percebido no mais íntimo da existência, no humano do humano. Pela sua intimidade com o *dabar* e pela força da *ruah*, o profeta que "sopra" a palavra é a memória da Lei de Deus.

História: *dabar* não significa somente a palavra, mas também o fato histórico, o evento, o sucedido, assim como a narração histórica. No fundo tem-se a ideia de que o evento é uma "coisa" realizada pela palavra. Esta permanece como que encarnada no evento, que também se denomina "palavra". Deus também fala/comunica pela nossa história e por aquilo que nela acontece.

Criação: no primeiro capítulo do Gênesis, a criação é atribuída à obra conjunta da palavra e do espírito. No princípio o sopro (*ruah*) de Deus se agitava sobre o caos (Gn 1,2); a seguir, as coisas vão sendo criadas conforme YHWH pronunciava a palavra (*dabar*) que dava nome a cada coisa. No resto da Escritura é obra conjunta da *ruah* e do *dabar*, conforme diz o salmista: "O céu foi feito com a palavra de YHWH, e seu exército com o sopro de sua boca" (Sl 33,6). Com isso, percebe-se que Deus nos cria por Sua palavra e Seu espírito.

A RAZÃO LITERÁRIA DA CONSCIÊNCIA DA PRESENÇA DE DEUS

A consciência de um Mistério que se dá a conhecer como uma experiência de sentido vai sendo assimilada dentro de uma razão literária que narra a história na qual se *des-vela* o Mistério. Enquanto razão literária, não se limita a entender tal Mistério, mas se entender diante dele.

Tal razão literária pretende narrar a comunicação desse Mistério, oferecendo uma linguagem humana que traduza o conteúdo divino que se esconde por detrás desse empréstimo de linguagem. Esse conteúdo não é outro senão o próprio Mistério que se comunica, chamado pela tradição judaico-cristã de Deus, e, portanto, um nome que não deve ser entendido como mais uma palavra, mas como a origem essencial de todas as coisas e que permanece Mistério. Assim, esse conteúdo divino, sendo o próprio Deus, só se entende enquanto manifestamos de algum modo a consciência de sua presença, a qual nos provoca para uma experiência de sentido e de maior consciência de vida ou de sua ausência, enquanto constatamos que caminhamos para a tragédia e para o sofrimento que destrói a vida.

Enquanto literatura bíblica, sua narrativa opera como *poiésis* (criação, confecção), dando visibilidade aos afetos provocados pelos acontecimentos como reminiscência destes, pois nos acontecimentos históricos se percebe a presença de Deus, enquanto o modo de viver é marcado por essa busca que se desdobra em um modo de ser constitutivo dos valores desse povo. O valor da justiça do Antigo Testamento é o desdobramento do anseio por ela encontrado em certos acontecimentos em que há a noção de justiça feita. Esses acontecimentos são atribuídos a Deus, tido então como um Deus justo por meio de sua ação em favor deste povo que sofria a injustiça e dela não conseguia se libertar. A *poiésis* visa, assim, à *catharsis* (purificação), a fim de despertar para uma sensibilidade (Aristóteles, 1993, I, 2-4) apropriada a esse Mistério que se *re-vela* como caminho de busca e, nesse caminho, vai se dando a conhecer efetivamente e também afetivamente. Dá-se a conhecer como um Deus justo, porque se *des-vela* em acontecimentos justos e se *re-vela* (volta a velar-se) em um caminho de justiça, pedindo assim a nova sensibilidade de vida em um coração desejoso de justiça e que, desse modo, passe a enxergá-la na percepção de que melhor vivem a sociedade e o indivíduo com o valor da justiça.

A literatura bíblica tematiza esse Deus-Mistério que se *des-vela* em favor da vida de um povo e se *re-vela* como respeito à liberdade da criação, porém deixando os vestígios para ser encontrado.

A *poiésis* é uma *mímesis*, ou seja, imitação que está em função de fazer reviver os afetos (*pathos*) nas pessoas por meio do personagem e oferecendo uma consciência de leitura dos acontecimentos da vida e de como responder (*diké*) aos fatos que provoquem tais afetos. Na identificação com o personagem bíblico é que ocorre a *catharsis* da vontade, ou seja, a verdade desse Mistério se desvela como uma ação sofrida pela *poiésis* literária, mobilizando uma (re)invenção (*poiésis*) da consciência (*diké*). A *poiésis* é a expressão mais adequada da patodiceia, como formação da consciência e reinvenção de si a partir da subjetividade[9] que vai se consolidando na identidade de um povo. Aqueles que se identificam com esse modo de proceder de Deus, a literatura bíblica chama de Povo de Deus. Toda a narrativa bíblica é um processo de criação de identidade do Povo de Deus que vai assimilando lentamente, e não sem retrocessos de consciência, esse Mistério. A razão teológica primeira é uma *poiésis* enquanto invenção de um povo, porém uma narrativa que se alicerça na consciência da presença de um Mistério que conduz esse povo. Portanto, a teologia bíblica é uma *teopoiésis* ou, ainda, uma teopatodiceia, enquanto um Deus que não está

---

[9] Da categoria *pathos* da filosofia antiga é que decorre o que chamamos de subjetividade, aquilo que afeta de modo pessoal o indivíduo.

na origem dos problemas do mundo, mas, antes, respeita liberdade de toda a criação e ao mesmo tempo se faz presente para conduzir o ser humano à descoberta de um sentido para viver e consumir a própria vida, aprendendo a responder aos desafios da vida. Assim se constitui o Povo de Deus: não ser escolhido em detrimento de outros povos, mas pela constituição de uma identidade que se desdobra da experiência desse Mistério divino.

O período Patriarcal (1800 a.C.-1250 a.C.)[10]

A história do Povo de Deus começa com os patriarcas de Israel, Abraão, Isaac e Jacó.[11] Deus convoca Abraão para ser o "pai" (por isso, *patriarca*) de uma grande nação: "YHWH disse a Abrão: Sai da tua terra, da tua parentela e da casa de teu pai, para a terra que te mostrarei. Eu farei de ti um grande povo, eu te abençoarei, engrandecerei o teu nome; sê uma benção" (Gn 12,1-2). Deus celebra uma "Aliança com Abraão" (Gn 15).

A convocação de Abraão para gerar um povo para Deus se apoia em uma missão específica: "Abençoarei os que te abençoarem, amaldiçoarei os que te amaldiçoarem. Por ti

---

[10] A literatura bíblica é densa e escrita de um complexo de amálgamas de visões e extratos literários interpostos. Não raro um único livro tem várias incursões de escolas literárias sobrepostas, quando não no mesmo capítulo. Bem como as datas aqui usadas que são sempre aproximativas. A proposta deste trabalho é apenas trazer extratos literários que correspondem a períodos históricos na tentativa de se aproximar de um fio condutor da história de Israel.

[11] As histórias bíblicas do livro de Gênesis do capítulo 1 ao 11, são chamadas de "pré-história" de Israel.

serão benditos todos os clãs da terra" (Gn 12,3). Abraão será fonte de bênçãos para as nações, e Deus caminhará com ele por todos os lugares.

A palavra hebraica para *povo* é *'am* e diz respeito ao "parentesco" de uma tribo ou clã. Envolve, assim, a ideia de "comunhão de vida e destino". O companheiro de tribo é, por isso, um "membro da família", um "irmão", cujos membros não estão ligados somente por uma descendência, mas por uma mútua comunhão de vida. Essa comunhão de vida do povo para o qual Abraão foi eleito como pai é baseada na vontade de Deus, que é o centro da comunidade. É o Deus que se revelou aos patriarcas, o Deus de Abraão, Isaac e Jacó que nos reuniu, por isso esse povo é Povo de Deus (*'am 'elohim*). Todo povo que não tenha Deus como centro sucumbiria, como foi relatado na história da Torre de Babel (ver Gn 11,1-9).

O Êxodo (1250 a.C.)

A história de José, filho de Jacó vendido pelos irmãos para o Egito, é vista como um misterioso desígnio de YHWH, relato numa espécie de Credo de Israel, que está no livro de Deuteronômio:

> Meu pai era um arameu errante: ele desceu ao Egito e ali residiu com poucas pessoas; depois tornou-se uma nação grande, forte e numerosa. Os egípcios, porém, nos maltrataram e nos humilharam, impondo-nos uma dura escravidão. Gritamos

> então a YHWH, Deus de nossos pais, e YHWH ouviu a nossa voz: viu nossa miséria, nosso sofrimento e nossa opressão. E YHWH nos fez sair do Egito com mão forte e braço estendido, em meio a grande terror, com sinais e prodígios, e nos trouxe a este lugar, dando-nos esta terra, uma terra onde manam leite e mel. E, agora, eis que trago as primícias dos frutos do solo que tu me deste, YHWH. (Dt 26,5-10)

A experiência do Êxodo faz com que o Povo de Deus redescubra seu Senhor. O Deus de nossos pais é também um Deus que vê as nossas misérias, o nosso "redentor" (*go'el*),[12] o parente próximo, responsável por nós e que vem nos resgatar, em virtude do laço familiar que nos une. No caminho do deserto, o povo se descobre como o "Povo de Deus em peregrinação", em que YHWH é um Deus que não se deixa fixar e segurar num local, mas acompanha os seus em suas peregrinações, indo à frente de Seu Povo.

O Povo de Deus, na conquista da terra que o Senhor lhe preparara, descobre-se também como "milícia de YHWH" (Ex 7,4; 12,41). É, também, regido por um código de leis, chamado Código da Aliança, e estaria em harmonia com a vontade de Deus para seu povo reunido na justiça e na caridade (ver Ex 20-24). Ou seja, o povo se tornou vassalo de Deus, que agora é entendido como seu Rei, seu Senhor: "Vós sereis o meu povo, e serei o vosso Deus" (Ex 6,7).

---

[12] Ver Nm 35,19; Lv 25,23-27.47-49; Dt 25,5-10.

O período tribal (1250 a.C.-1030 a.C.)

Israel se organiza em 12 tribos, que, mais que meras tribos, são tribos irmãs: constituem um único povo. Mesmo os estrangeiros são considerados irmãos, pois Israel também fora estrangeiro numa terra estranha (Dt 26,11). A disposição de 12 tribos, além de motivos religiosos e simbólicos, tem motivos práticos.

Essa disposição não é estranha no mundo antigo; vemos semelhanças na Itália e na Grécia, e esse tipo de organização costuma ser chamado de *anfictionia*.[13] Numa determinada distribuição, por exemplo, uma tribo fica responsável por alguma função no período de um mês, servindo todas as outras que compõem o povo. Uma poderia ficar responsável pela plantação; outra, pela infraestrutura. Em um eventual ataque inimigo, todas deveriam mandar efetivos militares, que estariam sob a liderança de alguém nomeado pelos chefes das tribos. Para Israel, esse alguém era chamado de "juiz".

"Quando YHWH lhes suscitava juízes, YHWH estava com o juiz e os salvava das mãos dos seus inimigos enquanto vivia o juiz, porquanto YHWH se comovia por causa dos seus gemidos perante os seus perseguidores e opressores" (Jz 2,18).

---

[13] Para aprofundar, ver J. Bright, *História de Israel* (São Paulo: Paulus, 1980), pp. 134-234. Para uma outra abordagem, ver G. Fohrer, *História da religião de Israel* (São Paulo: Paulus, 1993), pp.23-112.

No período tribal, houve a necessidade de reformular o código de leis. Surgiu, então, o Código Deuteronomista (Dt 12-28),[14] um segundo (*deutero* em grego) código de leis para auxiliar o povo a aprofundar a aliança com Deus. Por exemplo, no Código da Aliança, a mulher é tida como uma "coisa", um pertence do homem (Ex 20,17). No Código Deuteronomista, a mulher é valorizada como pessoa (Dt 5,21), pois nessa época dos juízes tivemos Débora como juíza, ou seja, Deus elegeu uma mulher para julgar seu povo (Jz 4,4); Jael, mulher de Héber, ajudou a derrotar o inimigo, ao seduzi-lo até sua tenda, para então matá-lo (Jz 4,17-22). Essa experiência da mulher como instrumento de Deus teve reflexo nas leis do Povo de Deus.

O período da Monarquia (1030 a.C.-930 a.C.)

A Monarquia surge no Povo de Deus como uma tentativa de superar as deficiências que ocorreram na organização tribal. As tribos não mais mandavam seus soldados para combater os inimigos, especialmente os filisteus, que apresentavam armas mais sofisticadas. Inicialmente, nomeou-se um líder que seria definitivo, um chefe militar (*nagid* em hebraico), Saul. Mais tarde, Davi torna-se rei, detendo também autoridade sobre as tribos. Davi foi um rei guerreiro e, ao

---

[14] O livro de Deuteronômio foi escrito bem posteriormente. Do período tribal, temos apenas o Código Deuteronomista, conhecido também como protodeuteronômio, ou seja, o primeiro núcleo da obra deuteronomista.

conquistar Jerusalém – que até então fora jebusita e cananeia –, faz dela a residência régia de sua dinastia e, ao mesmo tempo, o santuário de YHWH, ao transferir para lá a Arca da Aliança (2Sm 6,1-18).

Jerusalém passa a ser a *metropolis* (cidade-mãe) do Reino de Davi, porém, mais que isso, pela presença da Arca, era agora a *Cidade Santa* e, ao mesmo tempo, a *Cidade de Davi*. O monte Sião, em que ela se encontra geograficamente, passa a ser considerado sagrado também (Is 2,2; 14,32; Mq 4,2; Ez 17,22; Sl 48,3). Dessa forma, o rei Davi centralizara toda a vida política, econômica e religiosa de Israel em Sião-Jerusalém, que passa a ser entendida como o "centro dos povos" (Ez 5,5; Is 19,24), o "umbigo do mundo" (Ez 17,22ss). A isso se somam conceituações do Paraíso (Is 51,3), pois a "cidade bem edificada" soa para as populações antigas como segurança e refúgio, abrigo e pátria. Entretanto, é Salomão, o herdeiro de Davi, que constrói um templo para YHWH, o santuário do mundo, como fonte das águas de benção e de vida (Sl 46,5; 87,7; Ez 47,1-12), em que todo o Povo de Israel deveria agora celebrar as festas, incluindo a Páscoa. Também todos os povos se encontrariam em Sião-Jerusalém (Is 27,13; 60,1-9).

Salomão, porém, não era um rei guerreiro; era uma espécie de rei administrador, que firmara diversas alianças com outros reinos, como Egito, Hiram, Hititas, promovendo o comércio entre eles. As alianças no Mundo Antigo eram estabelecidas com o casamento da filha do rei que aceitara a aliança. Ao ser firmada uma aliança e tomar a filha do rei envolvido no acordo, havia a obrigação de construir um palácio para a princesa e um templo para os deuses dela. Segundo as escrituras, Salomão teve "setecentas mulheres princesas", que tinham o coração "desviado para outros deuses" e "desviaram seu coração para outros deuses, e seu coração não foi mais todo de YHWH" (1Rs 11,1-8). Salomão teve uma grande rede de alianças comerciais, que resultou em um pesado jugo sobre o povo, impondo o trabalho forçado e tributos obrigatórios (1Rs 9,1-24). Essa nova situação social centralizadora contrastava com a liberdade do período do deserto e tribal, em que todos tinham os mesmo direitos e a mesma posição social. Agora, porém, formara-se nas cidades uma camada superior de latifundiários e de funcionários reais, ao mesmo tempo que grande parte do povo estava empobrecida e se tornava progressivamente dependente dos outros. Tinham voltado ao tempo do "éramos escravos no Egito", agora não mais por um rei estranho, mas pelo próprio ungido de YHWH. Apesar dessa situação estrutural da era davídico-salomônica, considerava-se a *era ideal de Israel*, não obstante a obra idealizada do cronista,[15] uma vez que no reino davídico se cumpriram as promessas feitas aos patriarcas: Israel foi feito um povo numeroso, vivendo na Terra Prometida, em paz e segurança – ou seja, era o tempo de *shalom*.

---

[15] O cronista escreve sua obra (1 e 2Cro) sendo partidário da dinastia davídica, ao passo que a obra referente aos Reis (1 e 2Sm; 1 e 2Rs) apresenta uma visão contrária.

A monarquia dividida (930 a.C-586 a.C.)

Com a morte de Salomão, sobe ao trono seu filho Roboão, catalisando o processo cismático que no mínimo tinha suas fendas originadas no trono de seu pai, resultando na divisão do reino em Estados politicamente independentes: o Reino do Sul de Judá (930-586) e o Reino do Norte de Israel (930-722). De uma "casa de Jacó" para as duas "casas de Israel" (Is 8,14.17).

O cisma foi considerado a grande catástrofe que desabou sobre o Povo de Deus (ver Is 7,17), em consequência do fracasso humano de Salomão, que passa de mediador de salvação para mediador de perdição, em decorrência de sua apostasia idólatra e gananciosa (1Rs 11,31ss), bem como do fracasso de Roboão em sua intransigência despótica e insensibilidade às misérias das tribos do Norte:

> Falou-lhes [Roboão às tribos do Norte] segundo o conselho dos jovens: Se meu pai vos impôs um jugo pesado, quero torná-lo ainda mais pesado; se meu pai vos tratou com açoites, eu vos castigarei com escorpiões... Ao ver assim todo o Israel que o rei não queria escutá-los, o povo deu o seguinte recado ao rei: "Que temos nós a ver com Davi? Que temos nós de comum com o filho de Isaí? Vai, pois, para as tuas tendas, ó, Israel! Cabe a ti tratar de tua casa, ó, Davi!". [...] Desse modo separou-se Israel da casa de Davi, até os dias de hoje. (1Rs 12,1-19)

Contudo, a separação é entendida como "vontade de YHWH", conforme diz um profeta: "Não façais guerra aos vossos irmãos israelitas ('apóstatas') [...] Tudo isso se fez por minha vontade" (1Rs 12,24; 11,29-39; 12,15; 14,7s; 16,2s).

Verifica-se, contudo, que em Israel não houve jamais uma unidade de tradição, em virtude de sua origem, como confederação de tribos[16] formadas por grupos das mais variadas procedências, diferentemente do Reino do Sul (que ganhara uma tradição monárquica com a unção de Davi como rei; desde então, todos os reis deveriam ser descendentes de Davi). Percebemos, assim, que sempre houve uma pluralidade teológica e de espiritualidade no Povo de Deus, expressa em fontes literárias (Javista e Sacerdotal) e profetas (Amós e Isaías), ambos provenientes do Sul, bem como fontes literárias (eloísta e deuteronomista) e profetas (por exemplo, Oséias e Jeremias) do Reino do Norte. Vemos, portanto, duas vertentes nítidas de teologia e de espiritualidade: uma judaica (do Sul), mais "cúltica-institucional", sob grande influência dos "sacerdotes de Jerusalém", e uma israelita (do Norte), mais "ético-carismática", sob influência dos "profetas mosaicos".

Todavia, sempre se conservou a salvação escatológica (final) esperada pelo profetas, que reuniria as doze tribos, como nova criação. No juízo de YHWH, tanto o Norte quanto o Sul serão julgados (Jr 3,6-13; Ez 23,1-49), bem como de ambos serão congregados o Povo de Deus (Ez 37,21s; Is 11,13).

---

[16] A grande maioria das tribos no período tribal estava localizada no Norte.

Há uma "consciência ecumênica", se assim podemos chamar, na palavra dos profetas, e uma esperança escatológica de comunhão universal do Povo de Deus.

Exílio

Com a divisão em dois reino, ambos se enfraquecem. Um reino dividido começa a lutar entre si e acaba por se tornar despreparado e desgastado ao ter que enfrentar sozinho um inimigo que antes era comum ao reino que se separou. Assim houve a destruição do Reino do Norte (734 a.C.-721 a.C.), sob o poderio do Império Assírio, e, depois, a destruição do Reino do Sul (597 a.C.-586 a.C.) com o Império Babilônico, que assumira o cenário internacional como potência militar dominante. Houve, então, a destruição da "eterna" Cidade Santa, do Templo; o povo foi expulso da Terra Prometida e exilado para uma terra que não era dele, tendo que conviver com outros deuses e outra cultura. Acabara o tempo de *shalom*.

Aqui surgem os judeus da *Diáspora*, isto é, da *Dispersão*; eram os israelitas e os judeus que foram deportados da Palestina. O povo foi acometido de grande tristeza e revolta:

> À beira dos canais da Babilônia nos sentamos e choramos com saudades de Sião; nos salgueiros que ali estavam penduramos nossas harpas. Lá, os que nos exilaram pediam canções, nossos raptores queriam alegria: "Cantai-nos um canto de Sião!". Como poderíamos cantar um canto de YHWH numa terra estrangeira? [...] Ó, devastadora filha de Babel, feliz de quem

devolver a ti o mal que nos fizeste! Feliz quem agarrar e esmagar teus nenês contra a rocha. (Sl 137)

Foi necessária uma reestruturação teológica do Povo de Deus. Os estrangeiros e os escravos do Egito, peregrinos no deserto, tornaram-se um protótipo da situação exílica. O Deus novamente não está instalado num local, mas caminha conosco (Sl 39,13; Sl 119,19; 1Cr 29,15).

Surge a instituição das "sinagogas": pequenos grupos que se reuniam nas casas para estudar a Torá e orar a YHWH. O Povo de Deus se descobre como "resto de Israel" (Ez 9, 8; 11,13; 14,21s; Is 46,3).

Aqueles que não se mancham com a vingança, poderão ver "quando Deus se levantou para pronunciar a sentença de libertação em favor dos oprimidos da terra" (Sl 75,10).

A esses que tudo suportarem, diz o Senhor: "Farei com que tudo prospere: a vinha dará a sua uva e a terra os seus frutos; o céu derramará o seu orvalho, e darei aos sobreviventes deste povo a posse [herança-promessa] de todos os bens" (Zc 8,12).

> Guarda-te da ira, depõe o furor, não te exasperes, que será um mal, porque os maus serão exterminados, mas os que esperam no Senhor possuirão a terra. Mais um pouco e não existirá o ímpio; se olhares ao seu lugar, não o acharás. Quanto aos mansos, possuirão a terra, e nela gozarão de imensa paz. (Sl 36,8-11)

O "resto" guarda a fidelidade e as promessas que YHWH fizera ao seu povo. O "resto" é o que Israel inteiro deveria ter sido.

A restauração do templo e de Jerusalém
(538 a.C.-333 a.C.)

Com a queda do Império Babilônico, o Império Persa passa a dominar o cenário mundial, com uma política de respeito às tradições religiosas dos povos subjugados. A restauração da comunidade pós-exílica se dá com Neemias e Esdras.[17]

Os livros de Esdras e Neemias são nossa principal fonte de informações sobre a restauração da comunidade judaica depois do Exílio. Ainda que alguns detalhes históricos dos livros sejam delicados, eles constituem os melhores dados disponíveis para a nossa compreensão do período. Vemos a coragem e o empenho de uma comunidade para restaurar sua identidade e sua vida. Ainda que em um lento processo de gradual reconstrução, o objetivo é alcançado não somente pela própria determinação, por trabalhos bem dirigidos e de boa liderança; conta, fundamentalmente, com a proteção e o auxílio divino.

As figuras de Esdras e Neemias são paradigmáticas para uma realidade que exige respostas e atitudes criativas diante de situações novas, sobrepostas sobre um passado em ruínas, ainda que tivesse sido glorioso. Neemias era um organizador modelar, decidido a devolver a vida a uma cidade em ruínas, com sua esperança arruinada. Esdras institui o judaísmo

---

[17] O autor dos livros de Esdras e Neemias é o mesmo dos livros de Crônicas, ou seja, a história de restauração é uma história que favorece uma dimensão cúltica-institucional.

pós-exílico na Lei, que parecia desacreditada nos corações dos judeus. Ambos revelam que as mudanças envolvem o coração e as estruturas, razão pela qual o povo se descobre como "comunidade de culto".

A resistência macabaica (333 a.C.-63 a.C.)

Surge no cenário mundial um jovem guerreiro da Macedônia que havia sido aluno do grande filósofo grego Aristóteles: Alexandre, o Grande. Alexandre Magno conquistou o equivalente ao que mais tarde o Império Romano conquistaria, com uma diferença: o que Roma levou quase duzentos anos para alcançar, Alexandre Magno levou dez. Sua extraordinária expedição pode ser percebida na lenda segundo a qual, ao chegar à última nação, sentou-se e chorou, porque não mais havia reinos a conquistar.

Alexandre não impunha sua cultura helênica, mas, por onde passava, fundava uma escola para disseminar a sabedoria, os costumes e a religião grega. Ele, que nunca fora derrotado por nenhum homem, morre aos 32 anos, vítima de uma picada de mosquito de malária. Após sua morte, o Império Helenístico é esfacelado e dividido com os generais (chamados *diádocos*) do jovem imperador, uma vez que não havia herdeiros. A Palestina, que havia permanecido tranquila durante a época de Alexandre, vê-se envolta nas lutas entre os diádocos na tentativa de obter o controle do Império ou de alguma de suas partes. A Palestina passa na mão de uns para outros (entre os reis das dinastias seleucida e ptolomaica), até que assume o poder Antíoco IV Epífanes (dinastia seleucida), que empreende uma grande reforma helenística em Jerusalém com apoio do sumo sacerdote Menelau, perseguindo os judeus que recusassem aos costumes e práticas religiosas helênicas (2Mc 7), saqueando (2Mc 5, 15ss) e instalando no templo a "abominação da desolação", isto é, o Zeus Olímpico (1Mc 1,59; 2Mc 10,5; 6,2; ver Dn 11,31).

Neste contexto é que surge a revolta do sacerdote Matatias (1Mc 2,42), seguida por seu filho, Judas Macabeu, o que confere à rebelião o nome de Revolta Macabaica. Nesse período, Israel se vê na situação de seus antepassados tribais, tendo de resistir aos ataques de outros povos, porém percebe-se que, assim como Israel lutava com YHWH e para YHWH (ver, por exemplo, Jz 5,2.9.23), luta YHWH por Israel; Ele é como "aliado" de Israel, o seu "companheiro de luta" (*simmachos*): "Tendo-se feito seu aliado [*simmachos*] o Todo-poderoso, trucidaram mais de nove mil dos inimigos, feriram e mutilaram a maior parte do exército de Nicanor, e ainda obrigaram todos à fuga" (2Mc 8,24; 10,16; 11,10; 12,36).

Percebe-se que a força de Israel não estava nas armas ou no número de seus soldados; assim procederam os reis de Israel e foram destruídos, e assim procedem o gentios. A força de Israel está em Deus, que libertou "nossos pais" que eram escravos no Egito e estabeleceu uma aliança conosco. A história do povo que se liberta é unida à história dos antigos patriarcas, sendo entendida em uma continuidade da Aliança:

> Não tenhais medo do seu número, nem vos desencorajeis ante seu ímpeto. Lembrai-vos de como vossos pais foram salvos no mar Vermelho, quando o Faraó os perseguia com o seu exército. Clamemos, pois, agora, ao Céu, suplicando-lhe que se mostre benigno para conosco: que se recorde da Aliança com os nossos pais e esmague, hoje, este exército que está diante de nós. Então saberão todos os povos que existe Alguém que resgata e salva Israel. (1Mc 4,8-9)

Há uma redescoberta da teologia da Aliança: YHWH é para Israel o Deus da Aliança, e Israel é para YHWH o povo da Aliança (1Mc 2, 19-21; 49-64).

Por mais que o Povo de Deus seja infiel, até mesmo seus representantes oficiais, Israel redescobre que Deus não os abandonou e não os abandonará jamais, porque "Ele é bom e seu amor é eterno" (1Mc 4,24) e Seu poder se manifesta na fraqueza de seu povo e na dependência deste em relação a Ele: "É bem fácil que muitos venham a cair nas mãos de poucos. Pois não há diferença, para o Céu, em salvar com muitos ou com poucos. A vitória na guerra não depende da numerosidade do exército, mas da força que vem do Céu" (1Mc 3,19).

O período romano e a espera messiânica
(63 a.C.-135 d.C.)

Após a morte de Judas Macabeu, Jonatas assume a liderança da rebelião. Alexandre Balas, suposto filho de Antíoco IV, propõe uma aliança com Jonatas, oferecendo-lhe o sumo sacerdócio e o título de "amigo do rei" (1Mc 10,22-45), a fim de combaterem Demétrios I, na disputa do trono. A partir de então, o sumo sacerdote também é uma autoridade política e militar. Com a morte de Jonatas, assume Simão como "etnarca", que consegue "sacudir o jugo estrangeiro" (1Mc 13,41--42), em 141 a.C., e é reconhecido como "príncipe da paz" (1Mc 14,4-15). Decidiram, por isso, dar início a uma dinastia asmoneia,[18] legitimando os poderes de Simão e tornando-os hereditários até que surgisse um "profeta fiel" (1Mc 14,41-42). Pois só um profeta de YHWH pode ungir um "novo rei", isto é, um novo Messias que restaure o *shalom* davídico.

Entretanto, após a morte de Simão, começa a decadência da dinastia asmoneia. Seus descendentes em pouco tempo inverterão o movimento macabaico, mostrando-se simpatizantes do helenismo, havendo muitas insatisfações, especialmente por parte dos fariseus, que incentivavam a oposição popular e eram facilmente assassinados e crucificados, não obstante uma onda de assassinatos envolvendo a própria estirpe asmoneia na busca pelo poder real. Com essas brigas internas, o Senado Romano nomeia o general Pompeu para resolver os assuntos da Ásia (65 a.C.) e Hircano II é nomeado por César sumo sacerdote e etnarca do povo, que logo é assassinado por seu sobrinho Antígono. Herodes conquista a

---

[18] O bisavô de Matatias, que iniciara a rebelião, chamava-se Asmoneu.

Samaria, executando Antígono e extinguindo a dinastia asmoneia. Torna-se, assim, rei de Judá (37 a.C.-4 d.C.) e dá início à dinastia herodiana. Todavia, não tinha a aceitação do povo, uma vez que não era judeu, o que o obriga a casar-se com Mariane, neta de Hircano II.

Pela primeira vez, o Povo de Deus é governado por alguém que não faz parte da sua raça, que não é da descendência de Davi. Tal fato era inaceitável para a maioria do povo, que vivia na expectativa de um Messias o qual pudesse, enfim, estabelecer o Reino de Deus que durasse eternamente, de "geração em geração" (Dn 3,33; 4,31; Ml 1,14); conforme os profetas anunciavam, que reinasse por todos esses "deuses" (Sl 95,3; 96,4; 97,7.9) e reunisse as tribos dispersas (Ez 37,21s).

Não era um povo desanimado, como aconteceu no exílio. Há não muito tempo, esse povo vira a família macabaica expulsar os inimigos; vira que Deus não se esquecera dele, que sua Aliança era para sempre: "O Senhor dos exércitos está conosco" (Sl 46). Era um povo que estava na expectativa iminente de um Messias para libertá-lo da situação terrível e nunca antes experimentada. Havia alguém que não era da estirpe de Davi, ou seja, não era ungido por YHWH, governando o Povo de Deus. Esse povo estava farto dos falsos sacerdotes e sumo sacerdotes que profanavam a Aliança com o Senhor e manipulavam a Palavra de Deus. Estava à espera do profeta fiel que ungiria o Filho de Davi para salvá-lo, a fim de que fosse inaugurado o tempo da Nova Aliança, como o profeta havia anunciado e como nunca fora desejado:

> Eis que dias virão – oráculo de YHWH – em que selarei com a casa de Israel (e com a casa de Judá) uma aliança nova. Não como a aliança que selei com seus pais, no dia em que os tomei pela mão para fazê-los sair da terra do Egito – minha aliança que eles mesmos romperam, embora eu fosse o seu Senhor, oráculo de YHWH! Porque esta é a aliança que selarei com a casa de Israel depois desses dias, oráculo de YHWH. Eu porei a minha Lei no seu seio e a escreverei em seu coração. Então eu serei o seu Deus e vós sereis o meu povo. Eles não terão mais que instruir seu próximo ou seu irmão, dizendo: "Conhecei a YHWH!". Porque todos me conhecerão, dos menores aos maiores – oráculo do YHWH – porque vou perdoar sua culpa e não lembrarei mais de seu pecado. (Jr 31,31-34)

A CONSCIÊNCIA CANÔNICA NO SEGUNDO TESTAMENTO

Na literatura neotestamentária há dois movimentos semânticos: um, de continuidade, e outro, de descontinuidade. A continuidade se dá por ser a literatura neotestamentária herdeira da veterotestamentária – e, assim, tudo o que ela impacta em visão de mundo e identidade de um povo também é herdado. No entanto, ao mesmo tempo a literatura neotestamentária inaugura uma nova hermenêutica das questões fulcrais, sobretudo da concepção de Deus.

Essa consciência de identidade que vai se construindo e se refazendo ao longo dos acontecimentos históricos – e, assim, tecendo a literatura bíblica – chega em um momento em que não há descendentes de Davi no trono, e o colocado por Roma para governar a província da Judeia, Herodes, tem um laço nupcial com um parentesco que não é tido como legítimo.

O povo vem sofrendo continuamente períodos de guerra e todos os vilipêndios decorrentes desses conflitos: muitas viúvas precisam se prostituir para sobreviver, órfãos se submetem a trabalhar para os romanos como fiscais, ou no campo, mesmo sabendo que tais atividades eram consideradas impuras e os impediam de participar do Tempo. Em outras palavras, tais pessoas eram tidas como malditas.

A mentalidade de puro/impuro estabelece mais de seiscentas proibições legais que causavam profunda desagregação na identidade de Israel, uma vez que o impuro era um maldito de Deus e, por essa razão, evitado nas instituições religiosas e nas educacionais. Era aceito por Deus apenas mediante a realização de um sacrifício expiatório no Templo. Essa mentalidade embasava a cobrança de tributos por parte de Roma, pois todo o país precisava ofertar animais perfeitos que eram vendidos na frente do Templo.

No entanto, não se eliminavam as doenças pela realização dos sacrifícios, de forma que o moribundo, o leproso e os portadores de demais males eram vistos como merecedores de uma punição divina decorrente do pecado. Também os cegos e os surdos eram tidos como malditos, pois não podiam ouvir ou ler a Palavra de Deus.

Tal situação provoca perturbações sociais, gerando grupos revoltosos, como os *zelotas* e *sicários*, que pretendem tomar o poder de Roma na Judeia e são opositores aos *saduceus*, classe sacerdotal que concentra poder religioso e político, responsável pela manutenção dessa mentalidade que alimenta o comércio sacrificial. Próximos a esses, são os "doutores da Lei" que ensinam tal interpretação. Esses são aceitos pelos fariseus, que praticam aquilo que eles ensinam. Um desses grupos entende que a justiça de Deus se cumpre pelo cumprimento da Lei; pelo rigor nesse cumprimento é que o Messias virá.

Outros grupos acreditam na conversão do coração a partir da penitência e a vivem de maneira radical. É o caso dos batistas, seguidores de João (o primo de Jesus) que, após o rito de batismo nas águas do Jordão, iniciam uma vida de penitência e austeridade. Os essênios constituem outro grupo; eles vivem a prática da Lei e da penitência e cultivam a preparação para a guerra, a fim de se alinharem às fileiras do Messias quando da chegada Dele.

Havia um clima de grande expectativa quanto à vinda de um Messias restaurador da dignidade do povo e redentor de sua liberdade. Muitas são as concepções messiânicas, e mais ainda os grupos que almejam uma mudança de sua condição.

Por muito tempo, as Escrituras foram lidas de modo injusto e anacrônico, atribuindo todas as idiossincrasias religiosas ao povo judeu. É preciso se aproximar da literatura bíblica enxergando o fenômeno do Mistério humano que ali se esconde. São comportamentos e mentalidades que permeiam a história da humanidade que ali se contemplam pela *imitação poética* da literatura.

A descontinuidade da mensagem neotestamentária não ocorre em relação a um povo, mas a um modo de pensar e agir que se encontra presente na história das religiões, percebido de tempos em tempos, até mesmo no cristianismo.

Jesus aparece em duas perspectivas na visão veterotestamentária. Em uma delas, é um profeta que constitui a memória da justiça de Deus e a enxerga de modo mais profundo, sobretudo para aqueles que mais precisam. Em outra perspectiva, é visto em uma linha cristológica progressiva na qual a teologia cristã o vai reconhecendo como um grande profeta. Jesus é o Messias esperado, não somente por aquilo que desvela, mas pelo que comunica como presença de Deus. Quando se faz presente, será reconhecido como presença do próprio Deus.

A consciência de norma de fé e princípio de vida daqueles que viviam com o jovem carpinteiro da Galileia, *Yeshua Ben-Yoseph* (Jesus filho de José, conforme o costume hebraico de se referir a alguém dizendo de quem é filho), é que naquele homem Deus se escondia e se revelava de um modo incomparável. Para o cristianismo, não era somente o filho de José, o carpinteiro, mas era filho de Deus. E não era somente mais um profeta da palavra de Deus (portador de *dabar* e *ruah* do Senhor), mas Nele havia um Mistério muito maior que ninguém jamais havia visto e ouvido. Jesus tirou a venda da obviedade dos olhos de seu povo para que esse pudesse ver o que parecia ser tão evidente e, exatamente por isso, deixara de ser Mistério.

Eles conheciam a Lei, aquilo que não podia ser feito, mas este Jesus lhes mostrava o que deveria ser feito (Mt 5-7) num caminho paradoxal, em que conjugava misericórdia e justiça, aflição e consolo, dar como sinônimo de ganhar, ter paz para vencer a guerra, perdoar para alcançar a cura de que foi ferido, amar primeiro para que o outro possa aprender o amor. Era um mistério profundo demais para compreender, que exigia um ato de confiança em suas palavras. Mas como não confiar naquele homem que falava com tamanha autoridade (Mt 7,29), advinda do profundo conhecimento que tinha do Mistério do Amor e do qual emergiam seus ensinamentos e suas palavras com a força de um decreto real, tal como as de um Senhor e Rei.

Esse homem escondia em si, ainda, algo que era próprio da Aliança do povo de Israel com YHWH. Assim como o povo era testemunha da ação de Deus, YHWH era testemunha de seu povo, Alguém que estava junto porque via e ouvia sua *'anah*, que por vezes é traduzida como aflição. Mas vale a pena ir além da opção do tradutor, dada a riqueza poética dessa palavra.

O vocábulo *'anah* tem basicamente dois sentidos semânticos. O primeiro é de responder, tomar a palavra. Num diálogo, é o termo que responde ao *qara'* (chamar). Pode ser uma intervenção, uma réplica, uma resposta interrogativa ou uma ação, desde que na sintaxe da oração haja sempre o sentido de resposta. Quando Elias desafia os 450 profetas de Baal a mostrar quem é o verdadeiro Deus, propõe que eles invoquem sobre as oferendas o nome de seu deus e ele invocará o nome de YHWH; quem "respondesse" (*'anah*)[19] com fogo seria o verdadeiro Deus (1Rs 18,20-40): "Responde-me, ó, YHWH, responde-me, para que este povo reconheça que és tu, YHWH, o Deus". Outro sentido da raiz *'anah* é estar aflito, desgraçado, amedrontado, humilhado. Mas a mesma raiz ainda comporta seu antônimo, pois *'anah* também pode ser utilizado para dominar, subjugar, maltratar, oprimir, explorar, desprezar, desonrar, estuprar. Assim, o povo de Israel percebeu que YHWH era um Deus justo, pois quando clamava do meio de sua *'anah* (aflição), Ele via e ouvia a aflição de seu povo e mandava alguém para o libertar (Ex 3,7-11). Todavia, quando este mesmo povo era injusto, Deus era surdo ao seu clamor, permanecendo em silêncio e permitindo que o homem definhasse em sua obstinação, para talvez mudar sua dura cerviz.

Desde o fim da Monarquia, o povo esperava um rei, descendente de Davi, para libertar Israel e fazer Deus ouvir

---

[19] Na língua hebraica, a raiz da palavra é consonantal, *'nh*.

novamente seu clamor. Assim, no período da monarquia dividida, quando os reis faziam aliança com outros povos e exploravam seu povo, mantendo-se surdos à voz dos profetas (voz de Deus), Israel interpretou a destruição da monarquia como ira de Deus, pois o povo clamava em favor de seu reino e Deus não respondia: "Ó, Deus, não fiques calado, não fiques mudo e inerte, ó Deus! Eis que teus inimigos se agitam, os que te odeiam levantam a cabeça" (Sl 83,2-3). O livro de Jó é um grande testemunho de YHWH ao justo que aparentemente não é ouvido, mas que em sua aflição é interrogado pela vida: "Vou interrogar-te e tu me responderás" (Jó 38,3). É Jó quem responde com justiça, mesmo em sua aflição, neste misterioso silêncio momentâneo em que testemunha a fidelidade de quem é Deus verdadeiramente: "Conhecia-te só de ouvido, mas agora viram-te meus olhos" (Jó 42,5).

E Jesus parecia realmente ser esse Messias, pois via e ouvia a aflição do seu povo com grande "compaixão", ou, para ser mais exato, com as palavras que Jesus teria usado (Jeremias, 2004),[20] poderia dizer que Ele olhava seu povo como se o contemplasse com o coração de uma mãe. O verbo grego presente nos evangelhos e geralmente traduzido por "compadecer-se" é *splagchnizomai*, que tem seu radical em *splagch-*

---

[20] Jeremias procurou encontrar o que de fato Jesus teria dito (*ipissima vox*) e como teria sido compreendido por seus contemporâneos que transmitiram suas palavras (*ipissima verba*), uma vez que nossas versões dos evangelhos vêm do grego e Jesus, como galileu, falaria o aramaico de seu povo e conheceria o hebraico das Escrituras.

na, que, por sua vez, pode ser traduzido por afeição, amor íntimo, entranhas. Mas como as línguas utilizadas naquele contexto eram o aramaico e o hebraico, esse vocábulo grego traduz o termo hebraico *rahamim* que, além de misericórdia ou compaixão, pode significar ventre, lugar onde nasce a vida. Na Septuaginta, tradução grega da Bíblia hebraica, encontra-se *splagchma* para traduzir *rahamim* como entranha ou sentimento de entranha em Pr 12,10; Eclo 30,7; Eclo 33,5. Também o Segundo Testamento utiliza esse vocábulo com a conotação de entranha em At 1,18; 2Cor 7,15; Fl 1,8; 2,1; Cl 3,12. Pode-se traduzir essa palavra, em alguns casos, como "coração", no sentido de sentimento íntimo, como o uso verificado em Paulo (Fm 1,7.12.20) e em 1Jo 3,17. Portanto, a misericórdia de Deus consiste em permitir que nasça uma nova vida, que o pecador tenha um novo começo, uma oportunidade de fazer diferente, mudando sua vida.

Assim, Jesus olhava com *rahamim*, com um olhar desejoso de gerar vida nova, exatamente num momento em que um tipo de farisaísmo predominante entendia que o messias esperado realizaria o juízo de Deus como um vingador que derrotaria todos os inimigos e lhes traria a humilhação, como diz o salmista: "Levanta-te, juiz da terra, dá o devido aos orgulhosos" (Sl 94,2) "esmaga a cabeça de teus inimigos [...] para que no seu sangue banhes o teu pé" (Sl 68,24). Também o juízo de Deus era castigo para as infidelidades do povo: "... serás objeto de vergonha e de insulto, uma advertência e um motivo de horror para as nações que te cercam, ao cumprir em ti meus julgamentos, com cólera e com ira, e com castigos terríveis" (Ez 5,15). E é dessa concepção reduzida de que "Deus é [só] um juiz" (Sl 7,11) que também nasce a concepção de salvação do farisaísmo legalista, pois só os "justos herdarão a terra" (Sl 37,29). O justo "viverá como resultado da justiça" (Ez 18,22). E o justo é aquele que "cuida de pôr em prática todas as palavras da Lei" (Dt 31,12). A justiça é obra própria do homem; não é graça, mas puro mérito humano, algo que Deus deve ao homem e sobre o que o homem tem estrito direito. Deus é reduzido a um mero juiz, que na morte ou no juízo final verifica se alguém tem o "balanço" positivo para ser justificado por Ele, isto é, reconhecido como justo e então receber parte na vida do mundo futuro. Os outros são condenados, ou seja: aqueles que não cumprem a Lei ou até mesmo, nessa época, os que também não tinham condições de cumprir a Lei devido às diversas formas de impureza: os leprosos, pastores, cegos, analfabetos, aleijados, surdos...

Para Jesus, diferentemente, a salvação é vida nova, e, por meio de Sua palavra fecundadora, Ele vai gerando essa vida com Seu amor transformador no mais íntimo das pessoas. Ele concede nova vida a Zaqueu, que deixa de explorar e extorquir os pobres, e à mulher que adultera. A palavra de Deus (*dabar*) é criadora, e as palavras de Jesus, em seu amor pelo cego, pelo leproso ou por um paralítico, testemunhavam que a vontade de Deus era que essas pessoas fossem cuidadas e passíveis de condenação. Até mesmo seus milagres nunca era algo meramente destituído de sentido; revelava, em maior profundidade, a vontade de Deus. Jesus tinha algo a ensinar[21] sobre o Mistério da Vida. Na presença Dele, era possível sentir a *ruah*, o Espírito de Deus que envolvia como o ar e penetrava o mais íntimo. Suas palavras iam dando um norte à vida como o vento, e conviver com Ele constituía uma experiência transformadora, tal como ocorre com um vendaval que transforma tudo o que toca. Nenhum outro profeta fora assim; suas palavras eram incomparáveis e faziam o coração arder como fogo. Até os demônios, o mar, o vento lhe obedeciam, dizia o povo. Não havia como duvidar que este era o Messias, enviado por Deus para libertar Israel, aquele que esmagaria a cabeça do inimigo e restauraria o reinado de Davi.

Contudo, havia algo de diferente nesse Messias, uma "descontinuidade" daquilo que o povo esperava. Isso não era somente uma questão de mentalidade, mas, sim, uma esperança que o povo carregava havia séculos. O povo esperava que a glória de Deus se manifestasse sob a vitória dos justos (aqueles que cumpriam a Lei), sob os auspícios desse poderoso homem. Ao contrário, ouviram dele: "Eu não vim chamar os justos, mas os pecadores" (Mc 2,15).

---

[21] O termo grego traduzido como milagre é *semeion*, "sinal" de alguma coisa a ser decifrada.

O evangelista Marcos relata a mudança de sentido para a vida que Jesus revela quando apresenta, numa discussão dos discípulos, o desejo dos dois irmãos, Tiago e João, de se sentarem à direita e à esquerda do mestre (Mc 10,35-49), lugares de destaque e poder. Com sensibilidade poética, o autor do Evangelho segundo Marcos mostra qual deve ser o lugar do discípulo, e é exatamente estar no lugar de Cristo, que teve à direita e à esquerda dois crucificados (Mc 15,27). Como diziam os antigos, *christianum alter Christus*, "o cristão é outro Cristo", e, como tal, deve ir ao centro do sofrimento humano, como servo da esperança. Jesus revela o coração "rasgado" de Deus: na cena do batismo (Mc 1,11), o evangelista relata que "rasgou-se o céu", do grego *schizo*, donde a expressão "misericórdia", do latim *misere cor*, coração rasgado. Ele acolhe a vida para gerar nova vida, mesmo em face da morte iminente. Jesus sabia que a morte é estéril e que não podia constituir uma opção pela vida, para Ele que veio para dar a vida. Em sua vitória sobre a morte, ressuscitou a esperança de um povo ao revelar que, para Deus, o mal nunca é a palavra final. Aos seus discípulos só restava uma constatação: "Meu Senhor e meu Deus" (Jo, 20,28). Aqui nasce o Segundo Testamento, pois para os cristãos a norma de fé e vida para os fiéis é Jesus Cristo, as palavras e obras do Senhor Jesus ressuscitado. Na cultura hebraica, crer (*aman*) carrega a ideia de "apoiar-se em". Logo, é na fé em Cristo Jesus que se "apoia" o conteúdo do ST, pois Ele é Senhor (*Adonai*, YHWH),[22] ou seja: Ele é o próprio Deus que veio falar pessoalmente com Seu povo.

Se a Torá é a Lei de Deus que instrui no caminho da vida, Jesus é visto pelos discípulos como caminho, como a Torá viva, o *dabar* que se fez carne pela ação da *ruah* de Deus, o Espírito Santo. Se a sabedoria é o conteúdo do *dabar*, Ele é a verdade. Se pelo *dabar* e pela *ruah* Deus criou a vida em Gênesis, Jesus é quem gera a nova criatura, Ele que é a vida (Jo 14,6) ao dar Sua *ruah* em sua encarnação histórica, entrando definitivamente na história humana, sendo humano sem deixar de ser Deus. Ele é a promessa realizada na história anunciada pelo *dabar* dos profetas. É a partir Dele que a TaNaK (Lei, Profetas e Escrituras) é explicada claramente, como Ele próprio mostrou no caminho para Emaús (Lc 24,13-35). Ademais, Jesus não é somente um profeta, pois o ST nunca apresenta Jesus recebendo a palavra de Deus no estilo dos profetas. Tampouco é apresentado anunciando a palavra de Deus ao modo dos apóstolos. Ele prega a *Sua* palavra e o povo se agrupa para ouvir a *Sua* palavra como palavra de Deus: "E aconteceu que, apertando-o a multidão para ouvir a palavra de Deus..." (Lc 5,1). Logo, a boa notícia de Jesus era o próprio Deus falando com o povo.

Não obstante Deus ter falado pessoalmente e com o povo – o que era um privilégio de Moisés –, Cristo, como

---

[22] A Septuaginta traduz YHWH como *Kyrios*, mesma palavra usada no ST. Ver At 10,36; 13,47; 22,10.

dabar vivo e encarnado, concede a Sua *ruah* àqueles que o seguem, constituindo-os profetas da Nova Aliança. E, do mesmo modo que os profetas eram a memória da Lei, o Espírito "recordará" (Jo 14,26) todo o *dabar* que foi dito, ou seja, o próprio Cristo. Assim, a pregação apostólica também se torna palavra de Deus, pois é inspirada pela *ruah* de Cristo, que é o *dabar* de Deus. Logo, a pregação cristã é autêntica palavra de Deus pela referência intrínseca ao conteúdo, que é Cristo.

A pregação cristã se dava em duas formas originais: o *kerigma* e a *didakhé*. O *kerigma* é o anúncio pascal de que Jesus Cristo é o Senhor, que venceu, morreu na cruz e ressuscitou ao terceiro dia, mensagem que anunciava que o mal nunca era palavra final para Deus. A *didakhé*, por sua vez, é a "instrução", explicação mais detalhada do conteúdo do *kerigma*. O apóstolo Pedro já considerava as cartas de Paulo como palavra de Deus, isto é, unia-as ao Primeiro Testamento (ver 2 Pd 3,16). O Segundo Testamento, portanto, releria todo o Primeiro Testamento a fim de indicar o caminho que devem seguir os cristãos.

Assim já se pode falar na formação do cânon propriamente dito do ST. Sua composição abrange o primeiro século apenas. Num primeiro momento, não havia palavra escrita, somente a palavra experimentada e transmitida pelos apóstolos, que chamamos de Tradição Apostólica. Os primeiros escritos pertencem a S. Paulo, em sua preocupação de orientar as comunidades. Mais tarde é que surgirão os evangelhos. Surgem *a priori* como compilação de pequenos trechos sem preocupação narrativa, chamados de *logia*. Assim é que vão assumindo a forma em que os encontramos hoje, escritos sob dois prismas: as palavras de Jesus e as necessidades das comunidades para quem o autor escrevia.

A teologia e o meio

A teologia bíblica, mesmo operando com uma razão poética por ser uma literatura, é a fonte de toda a sistematização teológica. As duas estruturas teológicas anteriormente apresentadas (a palavra de Deus no Primeiro Testamento e a pessoa de Jesus, entendida como palavra de Deus viva e encarnada na condição humana, no Segundo Testamento) alimentarão toda a busca de uma fé inteligente que possa elucidar o Mistério da Vida, em diálogo com o pensamento e a cultura de cada momento e da história. A teologia sempre teve uma relação interativa com seu entorno, de modo que podemos afirmar que ela é para o meio em que vive e no qual é pensada, e não para as alturas. Na teologia cristã isso será chamado de *imitatio Christi*, a forma como o cristão pode analogamente viver a "imitação de Cristo" em sua relação com o Pai e o mundo, envolvido e orientado pelo Espírito, em seu tempo.

Teologia patrística

Chama-se de patrística o conjunto de escritos atribuídos aos autores dos primeiros escritos cristãos pós-apostólicos, conhecidos como "padres da Igreja" ou "pais da Igreja", mestres da encarnação do Evangelho nas culturas de seu tempo, quando a Igreja não conhecia a divisão, não era separada. Tem-se por convenção que a abrangência da patrologia (estudo da patrística) atinge, nos autores gregos (patrologia grega), até os escritos de João Damasceno (†749), e para os latinos (patrologia latina), até Gregório Magno († 604) ou Isidoro de Sevilha († 636).

Antigamente, a palavra padre (pai em latim) se aplicava ao mestre, pois no uso da Bíblia e do cristianismo primitivo os mestres são considerados os pais de seus alunos. Assim, por exemplo, São Paulo, em sua Primeira Carta aos Coríntios (4,15), disse: "Porque, ainda que tenhais dez mil instrutores (*paidagogous*) em Cristo, no entanto não tendes muitos pais, posto que quem os gerou em Jesus Cristo, pelo Evangelho, fui eu". Irineu declara (*Adversus haeresis*, 4,41,2): "Quando uma pessoa recebe o ensinamento dos lábios de outro, é chamado filho daquele que o instrui, e este, por sua vez, é chamado seu pai." Clemente de Alexandria observa (*Stromata*, 1,1,2-2,1): "As palavras são as filhas da alma. Por isso chamamos pais aos que nos instruíram [...], e todo o que é instruído é, enquanto em sua dependência, filho de seu mestre" (Rouët de Journel, 1913, s/p).

O pensamento teológico desse momento da história do cristianismo tem por característica fundamental inculturar a sabedoria de vida presente nas Escrituras na razão grega. Isso implica integrar a cosmovisão cristã com a cosmovisão helênica, como diria Luigi Padovesi: "a introdução de Cristo no rio da história e do tempo mudou a qualidade da água. A história da Igreja é a história do agir de Deus *com* [grifo do original] o homem, *por meio* dele, *apesar* dele, e às vezes *contra* ele, mas jamais *sem* ele" (Padovesi, 1999, p. 12).

Desse encontro da sabedoria judaico-cristã com a filosofia helênica surgem dois aspectos indispensáveis para toda a história do cristianismo: a experiência e a reflexão sobre a fé em Jesus Cristo. Dessa dual necessidade do pensamento teológico cristão é que nasce a Tradição, como ambiente vital para a interpretação da fé em novos contextos e épocas. É aqui que estão os dogmas, verdades de fé, que procuram salvaguardar a essência do pensamento e da experiência cristã de Deus. Essa palavra não raro foi tida como *mal-dita*, e historicamente acabou sendo enxergada como uma propriedade "católica". Vale, porém, a palavra de alguém insuspeito, um teólogo luterano, sobre o dogma: "Os dogmas não deveriam ser abolidos, mas interpretados de tal maneira que não venham a ser poderes repressivos destinados a produzir desonestidade e fuga. Ao contrário, são expressões profundas e maravilhosas da verdadeira vida da Igreja" (Tillich, 2004, p. 23).

Desse modo, tradição e dogma não devem ser vistos como instrumentos de dominação ideológica, uma vez que o abuso não tolhe o uso, e o mau uso de algo bom não lhe retira seu valor intrínseco. Uma coisa são as verdades da fé; outra são suas formas históricas. A evolução dessas, na medida em que demandam uma tradução apropriada ao seu tempo, conta com a guarda daquelas. Os dogmas e a tradição são marcos históricos, que não visam barrar o avanço do pensamento e da experiência cristã, mas, antes, contam com isso.

Dessa visão de mundo, a partir dos dogmas que se foram estabelecendo, adquiriu-se uma visão sacramental do mundo, como sinal do Mistério de Deus que se esconde e marca todas as coisas. *Sacramentum* é o termo latino equivalente a *mysterion* em grego. Na linguagem militar, *sacramentum* era o juramento de fidelidade prestado pelos recrutas aos deuses no momento em que se incorporavam à milícia, recebendo, após este ato de fazer-se sagrado, uma tatuagem que simbolizava a sua marca sagrada, o *signum fidei*, ou seja, seu compromisso com o estilo de vida que assumiram. Como diria Santo Agostinho no *Livro de Confissões*: "Tuas obras te louvam para que te amemos. E nós te amamos, para que tuas obras te louvem" (Sermão 13,33).

Consequentemente, dessa visão sagrada da criação é que nasce o sentimento de responsabilidade do cristão, que deve participar da vida pública como cidadão (*politai* em grego) e responsável pela sustentação da ordem da pólis tal como

Cristo, o *logos*, sustenta a harmonia do *kosmos*: no pensamento grego, a pólis (cidade) deve refletir a ordem do cosmo (universo), cujo princípio de harmonia é o *logos*. "O que é a alma para o corpo, é o cristão para a sociedade (pólis)" (Rouët de Journel, 1913).

No pensamento patrístico, no qual se formou a tradição cristã, encontram-se as bases fundamentais do cristianismo, a saber: 1) os dogmas que têm sua origem e se condensam num único, a Trindade, revelando assim uma forma de viver pessoal e solidária. O dogma da Trindade, no cristianismo, professa que Deus é um único Deus em três pessoas, ou seja: é uma comunhão de vida entre três pessoas que se unem no mesmo amor. O Pai ama, o Filho é amado e o Espírito é o amor do Pai pelo Filho e do Filho pelo Pai. Para o cristianismo, Deus se revela como comunidade de amor, e esse deve ser o horizonte de todo cristão: a vida em comunhão; 2) os preceitos éticos que se resumem a um núcleo básico, o amor responsável a Deus e à sua criação; e 3) as formas de oração e espiritualidade, que permitem ao ser humano encontrar-se com o Mistério da Vida e, assim, dar-lhe pleno sentido. A tradição, de forma muito resumida, apresenta o que o cristão deve *crer*, assim como deve *viver* e *rezar*, para defender e promover a vida.

Com efeito, é a partir das discussões sobre os dogmas cristológicos do período patrístico que termos como "pessoa" e sua "dignidade", "interpersonalidade", "comunicação pessoal", "convivência", "diálogo" e outros puderam ser desenvolvidos nos tempos vindouros. A dupla natureza de Cristo, o *logos* encarnado, bem como as relações trinitárias, foram se consolidando e explicitando como verdade contida desde os primórdios da Revelação. Os dogmas cristológicos foram se desenvolvendo principalmente nos Concílios Ecumênicos (de todo o orbe da Grande Igreja, isto é, as comunidades oriundas dos ensinamentos dos apóstolos): Niceia (325), Constantinopla (381), Éfeso (431) e Calcedônia (451). Aqui estão os sulcos desses termos, na medida em que a questão do Cristo, verdadeiramente humano e verdadeiramente divino, despertou o interesse para o conhecimento do ser humano, a fim de descobrir o "essencialmente humano" em Cristo e propor essa humanidade, amparada pela graça, como ideal de vida, visto que toda forma de pecado desumaniza o ser humano e seu meio.

Teologia medieval

O pensamento teológico do período patrístico legou aos tempos do medievo o contato da sabedoria do Evangelho com a razão (*logos*) grega.

O conceito de Idade Média, que cronologicamente pontua seus marcos entre os séculos V d.C. e XV d.C., foi dado pelos iluministas, que, considerando-se a si mesmos como homens das luzes e intentando o retorno à época clássica, intitularam esse período "intermediário" como "Idade das Trevas", mais especificamente entre os séculos IX e X. Manter essa leitura, no mínimo desinformada, é permanecer em um preconceito desprovido de lucidez histórica e cultural. Uma palavra insuspeita sobre esse período é a palavra de um teólogo protestante:

Quando encontramos as imagens deformadas da Idade Média, é comum encontrar os que a julgam a "Idade das Trevas"; querem dizer, assim, que vivemos hoje na época das luzes, e que só podemos olhar para esse período de terríveis superstições com certo desprezo. Mas não é verdade. Foi precisamente na Idade Média que se resolveu, à luz do eterno, um dos principais problemas da existência humana. As pessoas que viveram nesses mil anos não viveram pior do que nós, e em muitos aspectos, viveram até melhor do que nós. "Não há razão para se olhar a Idade Média com desprezo" (Tillich, 2004, p. 145). Para os medievais a razão era a imagem de Deus, que deveria ser penetrada pela inteligência e intuída pelo coração, inserindo-se a fundo nos problemas mais culturais de sua época. Esses envolviam desde a queda do Império Romano e a necessidade de novas formas de organização política, como o surgimento das *urbes*, até a formação das universidades, apoiadas em grande parte nos mosteiros, verdadeiros centros de cultura não somente cristã, mas clássica.

Passada em revista, a teologia medieval possui basicamente dois ramos: a teologia dos mosteiros, ou monástica, e a teologia das universidades. Não se trata de dois ramos estanques, tampouco se pode pensar que uma seria mais bem elaborada que a outra. Ambas são, do ponto de vista do rigor acadêmico, muitíssimo sofisticadas; entretanto, diferenciam-se por seus enfoques, sendo a primeira essencialmente uma teologia espiritual e a segunda, dialética, isto é, que dialoga com a filosofia pura. Aqui se dá, como nunca, a união estreita entre fé e razão (científica) em seu estatuto epistemológico medieval.

A teologia monástica (ou espiritual) é herdeira direta da tradição dos padres (ou pais) da Igreja na busca de uma inteligência espiritual. A partir da leitura dos quatro sentidos do período patrístico (a saber: sentido literal; alegórico ou tipológico; tropológico ou moral; anagógico ou escatológico), desenvolve-se toda a tradição mística do cristianismo. Esse método de leitura, que é uma busca sincera de encontrar Cristo, dá-se na leitura das Escrituras do Primeiro Testamento (sentido literal), perscrutando-as a fim de compreender quem é o Mistério e a pessoa de Cristo (sentido alegórico),[23] para que, conhecendo-O no interior do coração, Ele possa iluminar a vida concreta (sentido moral) e assim seja possível viver *já* numa comunhão de vida que *ainda não* é plena, mas é real (sentido escatológico). Essa leitura das Escrituras não estava tão preocupada com as questões históricas dos livros que as compunham, mas com a palavra de Deus abreviada na face de Cristo, escondida nas Sagradas Letras.[24]

---

[23] Alegórico, do grego *allos genos*, "outro gênero". É uma leitura de gênero cristológico. As Escrituras do Primeiro Testamento foram entendidas pelos primeiros cristãos como prefiguração (*tipos*, figura em grego) de Cristo.

[24] Ver "A consciência canônica do Segundo Testamento", neste capítulo.

Essa leitura, que viria a ser chamada *lectio divina*, não consiste somente em uma leitura intelectual de maior abrangência, mas sim de uma orientação para a vida. Na medida em que o coração deseja seguir a Cristo e se unir a Deus, alarga o seu entendimento das Escrituras. Essa compreensão, por sua vez, falando diretamente ao coração, é dada pelo Espírito de Cristo, pois, como já foi dito: "Sob o efeito da unção reveladora do Espírito, nosso espírito dilata-se a fim de compreender as Escrituras".[25] Somente o Espírito de Cristo pode revelar quem Ele é. É a *ruah* que revela o *dabar*, e é este Espírito que permite que caiam as escamas dos nossos olhos para enxergar quem é de fato Jesus Cristo, a exemplo do que ocorreu com Paulo (At 9,18). O desejo do amor atrai o Espírito e ele alarga a alma de quem deseja viver o Mistério da Vida como Mistério do Amor, transbordando nossa limitada capacidade de amar e tornando-nos, assim, *capax Dei*, ou seja, capaz de Deus. E eis que "... os dizeres dos Livros sagrados crescem com o espírito de quem os lê" nas palavras de São Gregório Magno.

Há, porém, uma unidade desses sentidos, como que uma coerência lógica entre a percepção de Cristo (sentido alegórico) nas Escrituras (sentido literal), sua incidência moral

---

[25] H. de Marcy, PL 204,384. A obra de referência que compila os textos patrísticos ainda é a de Jacques-Paul Migne (1800-1875). Suas obras magnas são *Patrologiae Cursus Completus, Series Graeca* (Paris, 1857-1866), 161 volumes (citada como PG), e a *Patrologiae Cursus Completus, Series Latina* (Paris, 1844-1855), 221 volumes (citada como PL).

(sentido tropológico), e a contemplação e experimentação do Mistério como comunhão (sentido anagógico). Na *lectio divina* deve haver, além da oração, segundo São Boaventura, um itinerário da mente a Deus, partindo da natureza que esconde os vestígios de Deus (*vestigia Dei*), no *speculum* da mente, em que as coisas, tal como refletidas num espelho, mostram-nos a verdade sobre nós mesmos. E por isso, para o "doutor Seráfico" (como Boaventura era conhecido), quem deseja começar esse itinerário em busca da verdade a partir da criação deve estar pronto para corrigir seus erros: "Começa, pois, por escutar as censuras de tua consciência, antes de elevares teus olhos para os raios da sabedoria divina que se refletem nos seus espelhos".

Existe, ainda, uma outra forma de chegar a Deus que a Idade Média chama de escolástica e que, dada sua amplitude e complexidade, não convém abordar aqui. De maneira muito resumida, a escolástica abrange do século IX até o fim do século XVI, e tem esse nome por ser a filosofia ensinada na escola pelos mestres, chamados, portanto, de escolásticos. Nas escolas medievais ensinavam-se as artes liberais, que compreendiam o *trivium* (gramática, retórica e dialética) e o *quadrivium* (aritmética, geometria, astronomia e música). A filosofia escolástica está ligada diretamente ao desenvolvimento da dialética. No entanto, não se pode pensar nas tendências referenciais do saber teológico sem ao menos citar um dos grandes pensadores desse período, talvez o maior deles: São

Tomás de Aquino, que já foi chamado "o mais sábio dos santos e o mais santo dos sábios", e que assim servirá de modelo ideal desta teologia de escola.

Tomás dedicou sua vida à busca da inteligência da fé e, para tanto, fez uso dos recursos da razão filosófica na sua *quaerere veritatem*, sua entrega à busca da verdade. Essa busca não é somente um trabalho do labor intelectual, mas vem embebida de uma espiritualidade da qual ele depreendia o sentido do que existe e do que deveria dizer. A oração informava a alma do filósofo acerca de sua missão intelectual de estruturar a lógica das razões do que se pensa e se vive. Desse modo é que Tomás de Aquino entende que o princípio do filosofar é o *mirandum*, tudo aquilo que suscita admiração.[26] Segundo ele, a reflexão rigorosa do intelecto devia, antes, estar inflamada pela contemplação e pela busca do sentido da beleza presente na verdade das coisas, permitindo, assim, uma redescoberta dessas mesmas coisas, do quotidiano, do ser humano, da cultura, da sociedade. Desse modo, nessa navegação que se lança em alto mar à procura da verdade, só pode haver uma bússola a orientar o pensamento humano: o amor. Para esse frei dominicano do século XIII, o amor é que permite à inteligência humana encontrar a verdade das coisas, pois, se o pensamento é consequência da contemplação, "o desejo da

---

[26] Ver "*Admiratio est principium philosophandi*", em *Summa Theologiae*, I-II, q. 41, art. 4 ad 5. Para um comentário da função da admiração no filosofar, ver "A poesia e os fundamentos do ato poético" (Lauand, 2007).

contemplação procede do amor ao objeto; pois onde há amor aí se abrem os olhos".

Para Tomás, o "doutor Angélico", o conhecimento progride no progresso do amor, como fonte de discernimento. O saber viver é fruto da descoberta da *ordo amoris*, a "ordem do amor". A razão sofre, assim, um duplo influxo no seu processo de conhecimento: a do *amor que ordena* (*amor ordinans*), como princípio de harmonia que introduz a ordem na razão humana, e a do *amor ordenado* (*amor ordinatus*), a razão que, ao ser dócil ao amor, orienta-se para formas mais sublimes de amar. Assim é que o ser humano participa da vida de Deus: ao ser dócil ao apelo de amar, inscrito no mais íntimo do espírito humano e provocado pelo Espírito de Deus. Tomás de Aquino explicita que todo amor humano, por menor que possa ser, é a faísca de ignição do Espírito de Deus; é o início do *amor operante* (*initio caritas*) de todo o amor, sua fonte e sua potência. A inteligência habituada ao amor é como um navio orientado para o norte.

E, assim entendido, pode-se afirmar sem medo de errar que "a verdade, proferida seja por quem for, vem do Espírito Santo", pois é fruto de quem a procurou amando, e todo o amor profundamente humano que dispõe algo a serviço da vida procede de Deus. Para Tomás de Aquino, um médico, ainda que ateu, mas na busca sincera de encontrar a cura para uma doença, por amor à sua profissão e a quem a serve (isto é, a vida humana), já participa de algum modo da vida de Deus.

Fé e razão científica não se contradizem, pois ambas estão a serviço da vida, e melhor se prestam na dinâmica do amor de quem faz àquilo que faz.

Nesse espírito é que esse grande teólogo dialoga com o estatuto científico de seu tempo, a *Logica Vetus* (tradução latina de um conjunto de textos de Aristóteles feita por Boécio). O fruto deste diálogo foi a famosa *Summa Theologiae* (*Suma Teológica*), um resumo de toda a fé cristã em profunda sintonia com a condição humana, na busca de uma existência mais profunda, ornada pela excelência e, consequentemente, dirigida ao rumo "otimizado" da felicidade.

O QUE TUDO ISSO TEM A VER COM O MEIO AMBIENTE?

Nossa preocupação aqui é evitar dois reducionismos muito presentes no senso comum hodierno: 1) pensar que teologia é coisa exclusivamente de "igrejas" e 2) achar que a questão ambiental e ecológica é simplesmente "de hábitos", reduzida, para a grande maioria das pessoas, a fazer uma seleção de lixo (orgânico, papel e plástico), quando muito.

Tanto o pensamento teológico quanto o ecológico implicam formas de envolvimento profundo com a vida. Fazem-nos passar por verdadeira "metanoia", isto é, uma conversão que começa de dentro, em que, mudando nosso modo de pensar, muda-se a vida, com implicações nas estruturas sociais, no universo cultural e na complexidade política e econômica.

A teologia quer ser parceira da ecologia numa aliança de vida e para a vida. Compete a ela, portanto, em sua especificidade, refletir sobre os nexos profundos do viver, pensar, agir e, aqui podemos dizer, crer na vida e em seus mistérios.

A teologia bíblica, por exemplo, testemunha/aposta que o universo não é surdo às esperanças humanas, aos seus sofrimentos e seus crimes, mas que deixa rastros dos valores de um Deus pessoal, que se relaciona pessoalmente com sua criação e, de modo especial, habita na consciência humana sem desrespeitar sua qualidade mais sagrada: a liberdade. Ao mesmo tempo, apela para a especificidade mais humana: a responsabilidade.

Este Mistério da Vida que, em Jesus, encontra-se resumido, tem algo de original: é Ele quem vem ao encontro do ser humano, antes mesmo que esse o convide ou conheça. A fé é, antes e muito mais que a adesão aquiescente a uma doutrina, uma resposta da existência, interpelada em seu mais íntimo pela escuta do Mistério da fé (*auditus fidei*) na palavra de Deus. Essa não somente anuncia o conteúdo da fé mas também – e principalmente – veicula a graça que torna o ser humano *capax Dei* e, consequentemente *capaz de amar* (*capax caritas*). Do contrário, uma fé que não é operada pelo amor de Deus, que impulsiona a amar, fica sob risco de pôr em questão sua própria autenticidade.

A teologia patrística, numa sóbria embriaguez da mensagem do Evangelho, desenvolveu-se no *sequela Christi*, o seguimento de Cristo, tentando palmilhar seus passos nos rastros do caminho de Deus, encarnando Cristo e seus valores na concretude da existência. O pensamento desses pais do cristianismo é exemplo perfeito de como a fé assume o compromisso com a vida, e mesmo de que não há motivo para ter fé se essa não se dirige para a vida. A procura de Cristo coincide com a descoberta de um sentido (*logos*) para a vida, penetrando na profundidade do pensamento (sentido tipológico), da integridade ética (sentido moral) e na comunhão relacional com o entorno e seu núcleo misterioso que tudo une, chamado Deus (sentido anagógico).

Por fim, a teologia medieval, unindo a sensibilidade do sentimento à perspicácia da razão sem perder o polo da subjetividade, também abarca o polo da objetividade, da necessidade de uma discussão séria e categorizada dos valores e da existência na busca do bem comum. Ao mesmo tempo, mantém sua capacidade de se admirar, a qual permite penetrar a realidade em seu núcleo mais significativo.

A tradição teológica cristã contribui com o despertar da vida no espírito, que não deve ser entendida somente em categorias religiosas ou teológicas, mas filosóficas, ou seja: essencialmente antropológicas. Entendemos "espírito" como a vida propriamente humana, distinguindo-se da fisicalidade corpórea e psicológica presente em todo animal, manifesta na sua capacidade de conhecer-se a si e à condição da existência, e se autodeterminar em sua vida racional e livre. Em outras palavras, a vida segundo o espírito é que confere ao ser humano seu signo de protagonista da própria história. Para isso a religião, enquanto forma de significar a experiência de fé, não deve atrapalhar quem, ainda que não seja religioso, procura ouvir a voz de sua consciência.

A pessoa irreligiosa seria, portanto, aquela que entende sua consciência como mera facticidade psicológica, uma realidade imanente, não se perguntando se existe algo ulterior a ela. Para o irreligioso, a consciência é a última instância perante a qual ele precisa ser responsável. Já para o religioso ela é a penúltima: há algo/Alguém além da facticidade. Entretanto, o fato de alguém ser irreligioso não significa que não tenha consciência ou responsabilidade. O indivíduo apenas não pergunta de onde vem a consciência, o que não deve ser motivo de inimizades entre religiosos e irreligiosos. A liberdade humana de escolher seu próprio destino e o caminho a seguir deve ser respeitada em qualquer circunstância.

O encontro/aliança entre ecologistas e pessoas que procuram uma fé inteligente e encarnada em seu tempo não se pauta necessariamente pela fé, mas, antes, pela humanidade, e o cristianismo, além de ser uma tradição de fé, é a tradição de um Deus que também é verdadeiramente humano. Sendo assim, tem algo a dizer à condição humana e também tem responsabilidade perante a vida e o meio em que ela se insere. Como diria Viktor Frankl, terapeuta austríaco e fundador da escola da logoterapia: "O que, porém, impediria que ambos [religiosos e não religiosos, teólogos e ecologistas que tenham fé ou não, depois de muito caminhar juntos], naquele lugar onde um para e outro parte para o último pedaço do caminho, se despeçam um do outro sem rancor" (Frankl, 2004, p. 43).

UM ÚNICO HORIZONTE: O VALOR DA VIDA

> Na fé cristã, conhecimento e vida, verdade e existência são intrinsecamente *unidas*.
>
> *Donum veritatis*

A vida é o horizonte para onde caminha a teologia, com sua reflexão de uma fé inteligente na busca de construir uma vida digna de ser vivida. A isto se chama Reino de Deus. Já a preocupação ambiental e humana da ecologia é a de que todos possam desfrutar da vida, sendo responsáveis por ela. Para isso, é necessário cuidar proativamente da vida.

Se é verdade que a fonte da teologia é Deus, também é verdade que esse Deus é o Deus da vida; consequentemente, faz-se teologia para a vida. E nisso começa a afinidade entre esta e a ecologia, ciência para a vida e para todas as suas formas. O desejo de uma vida melhor é o horizonte utópico da teologia e da ecologia. Não uma utopia no sentido de "lugar que não existe" (*u-topos*), consequentemente fictício, mas no sentido de lugar melhor que *ainda não* existe, porém *já* está presente em nossos corações. Assim, a utopia não é fuga da realidade, mas está a serviço da *eutopia*, da concretização de um sonho de construir um "lugar do Bem" (*eu-topia*): do bem viver, do bem comum. Podemos dizer, então, que a ecologia e a teologia, cada uma a seu modo, convergem para um mesmo sonho. Caminham em rotas diferentes mas não opostas, pois têm o mesmo horizonte pela frente. E como diria uma grande figura do cristianismo do século XX, Dom Hélder Câmara: "Quando se sonha só, é apenas um sonho, mas, quando se sonha com muitos, já é realidade. A utopia partilhada é a mola da história".[1]

Mas alguém poderá dizer: o que é a vida? Não é difícil perceber que podem ser dadas infinitas respostas, como vêm sendo dadas ao longo da história, de muitas maneiras e vindas de muitos interlocutores. Mesmo a teologia e a ecologia que, antes de uma práxis ambientalista, possuem uma consciência de ecologia humana, entram nessa condição. Não obstante, acreditamos que dizê-lo é o dever que cada um tem consigo mesmo de responder à vida, que não raro nos questiona um tanto caoticamente, ora mais, ora menos absurda. Apesar disso, porém, há em nós uma certa teimosia em viver.

O que propomos aqui é lançar pontos de inflexão, presentes no pensamento cristão, para a existência contemporâ-

---

[1] Frases de Dom Hélder estão disponíveis em http://www.ccpg.puc-rio.br/nucleodememoria/dhc/porescritofrases.htm (acesso em 18-5-2012).

nea, a fim de projetar luzes sobre o trajeto de cada indivíduo nessa missão de dar sentido à vida humana e vivê-la plenamente, no dever de salvaguardar o direito de todos viverem-na também. Este capítulo visa a apresentar três estruturas para a vida e, consequentemente, para a teologia e para a ecologia: o *sentido*, como processo de encanto-valorização-responsabilidade pela vida; o *Mistério*, que no cristianismo é o projeto de Deus para a vida e se chama Reino de Deus; e a *sociabilidade*, isto é, a *responsabilidade social*, que se traduz em sua capacidade organizativa e legislativa de criar uma ordem social.

A QUESTÃO DO SENTIDO DA VIDA

Vimos que a teologia patrística teve a grande virtude de encontrar o *sentido* para se viver o Mistério da Vida. Ela construiu um pensamento coerente com esse mistério acolhido (sentido alegórico), traduzido em formas de se viver um ideal de ética pessoal e comunitária (sentido moral), que se retroalimenta e progride exatamente na relação da consciência com o mesmo Mistério (sentido anagógico), estabelecendo, assim, um círculo virtuoso. Também vimos que a teologia medieval, ou escolástica, teve a grande missão de estabelecer um diálogo sério com os estatutos científicos de sua época, no qual ganhou o status de saber acadêmico, estabelecendo nos moldes acadêmicos que fé e razão não estão em conflito, mas podem e devem se complementar na construção de uma civilização melhor, a civilização do amor.

Portanto, ter outros interlocutores em seu labor reflexivo e sistematizado é parte da natureza da teologia. Cremos que, no presente momento da história, a lógica formal que constitui a comunidade acadêmica tem-se mostrado insuficiente para ajudar o ser humano a encontrar sentido para sua vida. O estabelecimento da ciência empírica nos ensinou que a cabeça pensa até onde chegam os pés, obrigando que o pensador aterrise de seu voo pelo mundo das ideias. Assim, a ciência, em suas várias facetas, tem ajudado o homem no decorrer do século XX e início do terceiro milênio a pôr os pés na Lua e se comunicar com o todo o planeta, mas tem tido uma enorme dificuldade em ajudar esse mesmo ser humano a pôr os pés em sua própria casa e construir um projeto de vida que se paute pelo compromisso mútuo, pelo carinho, cuidado e doação de si. É difícil estabelecer vínculos de fidelidade que possam se constituir como refúgio e terapia, um recanto no qual cada um ajude a carregar a cruz do outro. A esse projeto chamamos família e se constitui de diversas formas.

A ecologia nos ajudou a perceber que essa experiência do núcleo familiar não é estanque da vida como um todo, mas é exatamente a experiência que predispõe as sinapses de nosso cérebro humano à percepção da existência e ao relacionamento com o entorno. Ela ensina que já o simples fato de pôr os pés (no chão) nos deve fazer ter reverência para com o Todo, pois somos parte dele. Quem "pisa" necessariamente o faz no planeta Terra e, se pensamos a partir do lugar onde podem chegar nossos pés, indo ou vindo, estaremos com nossos pés na Terra. E mesmo que um dia a humanidade possa viver uma diáspora interplanetária e passar a viver num outro planeta, ainda assim precisará de uma consciência planetária, que nada mais é que uma consciência ampliada do planeta do núcleo familiar.

A teologia, por sua vez, quer expandir a consciência de Moisés, personagem bíblico que percebe que a humanidade pisa em solo sagrado e portanto a convida a tirar as sandálias dos pés, isso não somente como atitude de respeito e reverência, mas de aliança, ou seja, compromisso. A passagem do livro do Êxodo 3,6 narra com esmero poético a experiência de Moisés que, ao ouvir a voz de Deus no fogo que não consumia uma sarça, convida-o a ter reverência e responsabilidade: "Não te aproximes daqui (como te aproximas de qualquer lugar, mas); tira as sandálias dos pés porque o lugar em que estás é uma terra santa". A própria Bíblia hebraica, no Livro de Rute, ensina que tirar a sandália do pé e entregá-la a outro é sinônimo de um compromisso, um acordo, um negócio fechado entre o que adquire a terra, tornando-se responsável por ela (dando as sandálias) e o que entrega a terra (Rt 4,7-8; Dt 25,9-10; Sl 60,10; 108,10).

Deus deu o planeta Terra ao ser humano para que este seja o guardião da vida. O senhorio humano sobre o planeta deve ser lido como serviço de presidência e compromisso, e não como motivo de dominação. No relato da criação no livro de Gênesis, o ser humano, como "imagem e semelhança de Deus", deve governar (*radah* em hebraico) sobre toda a criação, tal como um rei no mundo antigo deve cuidar de seu povo. A Bíblia hebraica apresenta vários modelos de governo, desde os mais zelosos por seu povo, como os Patriarcas, José do Egito e os Juízes, até os mais tirânicos nos livros de Samuel, Reis e Crônicas. Mesmo os grandes reis como Davi e Samuel devem se submeter a fazer a vontade de Deus, e não subverter sua missão de governar em tiranizar, pois é YHWH quem reina. Contrariar seus preceitos, explorando o povo, resulta na ruína do reinado daquele que LHE desobedece, pois não segue a justiça que YHWH aprecia e não recebe sua benção.

Mas como esse humano pode perceber o planeta como seu ambiente familiar se sua própria referência de família está confusamente percebida? Parece que, nesta encruzilhada moderna entre o avanço da razão e a dignidade da vida podem se encontrar, na reflexão séria, a novidade da ecologia, com sua nova perspectiva, e a velha teologia, com sua tradição. Esta constitui um verdadeiro patrimônio da humanidade, guardando valores essenciais sobre a condição humana, pois o Mistério da Vida (que ela chama de Deus) revela-se ao ser humano em favor da própria vida, como sentido (em grego, *logos*) para ela. O Evangelho de João diz que o "*Logos* se fez carne e estendeu sua tenda entre nós" (Jo 1,14). O evangelista se utiliza da categoria do *logos* – da filosofia helênica que vê o *logos* como aquele que harmoniza o cosmo – para falar de Jesus Cristo como aquele que confere um sentido mais profundo à vida. A união entre ecologia e teologia não é somente mera interdisciplinaridade, mas constitui verdadeira aliança da história, que persiste em acreditar na vida. Entendemos que isso pede uma reflexão séria e sistematizada, pois estamos falando de uma visão global da existência planetária com instrumentais adequados.

Quando falamos, então, em sentido para a vida,[2] estamos falando em valores que a norteiem, que dão um rumo à existência. Não se trata, aqui, de simples discussão sobre convenções sociais impregnadas de relativismos teóricos, mas daquilo que é o "humano do humano" (Frankl, 2007, p. 23), perceptível somente na sinceridade da consciência e vivenciado na totalidade biopsicoespiritual de um projeto de vida. Tal projeto nos permite ser mais humanos, na medida em que ansiamos por superar tudo o que é desumano neste devir projetado.

Ainda que se concorde que a existência precede a essência, é inegável que certas realidades são essencialmente

---

[2] Conforme o estatuto epistemológico da teologia, que permite outros interlocutores, aqui utilizamos como instrumental teórico a análise existencial ou logoterapia de Viktor Emil Frankl, que versa sobre o Sentido da Vida, não somente na reflexão objetiva daquilo que se constitui como valores para a vida, mas na vivência do processo subjetivo de interiorizar de um modo original e único esses valores essencialmente vitais na história da pessoa, num processo terapêutico e compromissado de enxergar a existência.

humanas, ou seja: estão de tal forma arraigadas na condição humana que não é possível se furtar a elas. Amor, amizade, trabalho, utopias, decepções, traumas, paixões... Quem pode se dar ao luxo de dizer que se viu imune a todas essas coisas "humanas", seja lá de que forma as tenha vivido, como um êxtase ou como realidade vertiginosa, em sua profundidade ou superficialidade, em sua sinceridade ou como simulacro? Todos nós que temos a pretensão – dada nossa contradição desumanizadora – de nos chamarmos seres humanos passamos por essas realidades, ainda que de modo e intensidade distintos.

Falar, então, em descobrir um sentido para a vida significa encontrar um motivo para desejarmos *ser* (mais) humanos, uma razão maior que toda a realidade absurda e caótica que se nos apresenta em nossos condicionamentos biológicos, psíquicos e sociológicos. Quem tem um sentido para viver descobriu que a vida *vale* a pena apesar de seus próprios problemas, problemas ao seu redor, injustiça do mundo, desengano do amor e alienação das pessoas.

A não aceitação do absurdo, do "não sentido" na vida, fez com que a busca por um norte na aventura da trajetória humana se constituísse um verdadeiro patrimônio da humanidade na reflexão sobre os valores incrustados no imaginário social de todas as culturas. Em toda a história humana, portanto, pode-se encontrar a preocupação com o bem viver.

Evidentemente, a antropologia contemporânea tem mostrado que podemos entender a cultura de muitos modos. Contudo, há algo de comum a toda e qualquer cultura, como diria Laraia, fazendo menção a um livro de Ruth Benedict: "A cultura é uma lente através da qual o homem vê o mundo" (2005, p. 67), sistema simbólico e estrutural que permeia seu modo de ser, comunicar-se, relacionar-se, trabalhar, desfrutar do lazer. Outro aspecto comum às teorias antropológicas é que cada indivíduo participa de modo diferente de sua cultura, seja integrando elementos diferenciados da mesma cultura em suas expressões (esporte, arte, ciências, etc.), seja na intensidade com que penetra cada esfera elementar do universo cultural em que está imerso (profunda, medíocre ou superficialmente). Assim, um jogador de futebol profissional pode estar profundamente imerso no elemento cultural do esporte e ser, ao mesmo tempo, um religioso ou apreciador de cinema superficial, sem que essas realidades afetem intensamente seu modo de vida, e ser ainda um pai de família medíocre que reduz sua paternidade a um exercício de sustentação financeira, substituindo o afeto pelo regalo.

Aliás, esta análise dos elementos culturais e da intensidade de participação neles ocorre porque participamos de uma mesma cultura, que permite captar as referências nas quais ela pode ser entendida como "fundação de uma unidade" (López Quintás, 2003, p. 23-49). Aqui é possível perceber que, se a ternura foi um valor *aprendido* na minha vida, é antes *apreendido*, pois o aprendizado não se deu na introversão reflexiva sobre a ternura, mas numa dinâmica do exterior para o interior. Algo que veio de meus pais (realidade externa) para mim (realidade interna), na percepção do colo, do toque delicado e confortador, da palavra de ânimo e educadora de um pai presente que me leva a entender a paternidade responsável como um valor que não é somente da sociedade, mas também meu. Assim, há uma unidade entre o valor e a existência na medida em que o incorporo em minha vida. Existe também uma unidade social, uma vez que outros assim concebem esse valor, julgando como contracultura a paternidade distante e com traços neoliberais, que começam por sua *irresponsabilidade* vital.

Portanto, falar em sentido para a vida implica dois polos axiológicos principais: o valor e a incorporação pessoal deste. No primeiro caso, sentido e valores são sinônimos (pois quem tem um *sentido* para viver descobriu que a vida *vale* a pena). É uma realidade objetiva (exterior ao sujeito) que interage com a condição humana. No segundo caso, o Sentido da Vida é o humano do humano, o sentido de *ser* humano, aquilo que desperta em nós o desejo de sermos mais humanos e de nos desvencilharmos de tudo o que desumaniza a vida, que agora para nós é valiosa. Assim, o ser humano se redescobre como responsável por ela.

Destarte, falar em Sentido da Vida não é fruto do ócio de quem tem tempo para pensar, mas é uma realidade profundamente humana à qual todos, sem exceção, precisam responder, sob risco de tão somente sobreviver *irresponsavelmente*.

A palavra "sentido" tem um amplo substrato semântico que percorre toda a história do pensamento humano, o que permite que essa questão seja debatida, implícita ou explicitamente, na busca de uma razão de viver. A história desse vocábulo, no qual se encontra presente a questão que suscita, tem um momento importantíssimo desde a filosofia pré-socrática, que consagra o termo grego *logos*, em grego, a toda atividade humana de descobrir. Seu significado mais cotidiano pode ser empregado como: palavra, discurso, decisão, exemplo. Sua raiz verbal denota a ideia de "selecionar com cuidado". Heráclito (*c*. 500 a.C.) queria, escutando a natureza, encontrar o *logos* do cosmo, ou seja, o princípio que controla o universo, a lei universal que une tudo e todos. Assim, para ele o *logos* é esse processo de relacionamento ou o potencial da mente humana de correlacionar os objetos, abrangendo também todos os seres. Tal processo somente é possível porque nesses mesmos objetos o próprio *logos* está contido e exibe sua lei em tudo o que existe. Portanto, o mundo representa um relacionamento recíproco entre os objetos e a totalidade, para dentro do qual o próprio homem é atraído. Por isso ele é capaz de raciocinar, isto é, de manifestar o *logos* presente em si mesmo. Em outras palavras, as leis universais estão dentro do ser (psicologia) e suas leis constituem as leis do universo (metafísica). Poderíamos dizer que Heráclito é o precursor do pensamento ecológico.

Sócrates, enfocando esse aspecto do *logos* em sua maiêutica,³ cria o *dia-logos*, em que "através" (*dia*) da descoberta do *logos*, a verdade para a pessoa, pode-se criar a *koinos logos*, uma verdade significativa comum, um valor no sentido que apresentamos acima e que constrói a comunidade (*koinonia*). Esta, por sua vez, fomenta o *dia-logo* na procura de um *logos*, ou de um bem comum.

Nessa perspectiva é que Viktor Frankl aborda o Sentido da Vida.

Viktor Emil Frankl, judeu, passou por uma experiência crucial (*experimentum crucis*) no seu confinamento em um campo de concentração nazista. Perdeu tudo o que se pode imaginar: pais, irmão, a esposa com o filho em seu ventre, sua tese a ser publicada, sua autoestima, sua dignidade humana, seus sonhos. Mas uma coisa Frankl veio a ter certeza que nunca perderia: a capacidade humana de resistir e de transcender aquilo que se lhe apresenta como desafio. Ele percebeu que na verdade não somos livres *de* todas as vicissitudes sociais, psicológicas e biológicas que a vida nos apresenta, mas somos, sim, livres *para* nos posicionarmos perante elas. E assim, em sua liberdade de prisioneiro, exerceu sua profissão de médico psiquiatra no lugar mais neurótico que pudemos testemunhar em todo o século XX. Não somente atendeu seus colegas de

---

³ A maiêutica era para o filósofo grego Sócrates (470 a.C.-399 a.C.) o parto das ideias, que auxiliava as pessoas a perceberem o que não conseguiam enxergar, tomadas pelo óbvio.

prisão como também soldados nazistas, e ainda auxiliava os médicos alemães nos alojamentos. Por isso recebia somente cigarros, que trocava por pedaços de papel e tocos de lápis para fazer suas anotações, que mais tarde receberam traduções em mais de 30 países e lhe renderam 29 títulos de *doctor honoris causa* em universidades ao redor do mundo. Frankl não sabia se sairia vivo daquele lugar, mas sabia que a cada momento a vida lhe guardava um sentido para viver. Assim caminhou passo a passo, diante do horizonte nublado que se apresentava à sua frente, pois percebeu que "o *logos* (Sentido da Vida) é mais profundo que a lógica (nossa capacidade de entendê-la" (Frankl, 2005, p. 105).

Frankl reavalia a questão fundamental da antropologia freudiana de que o ser humano se move pela libido. Para ele o indivíduo é impulsionado por uma vontade de sentido, ou seja, de ter um *por que* viver que supere todo o *como* viver, almejando ser protagonista de sua própria história e não mero joguete de seu destino. Assim, criou a logoterapia ou análise existencial, um sistema teórico-prático de terapia, que diverge da escola psicanalítica, contudo sem deixar de considerar sua importância, concebendo o ser humano como realidade biopsicoespiritual, capaz de transcender seus determinismos, também chamados de destinos (biológicos, psíquicos e sociológicos) e não somente se adaptar a eles.

Para Frankl, há uma insuficiência inerente à escola psicanalítica devido à sua antropologia. Faz-se necessário ressaltar que a própria psicanálise continua ampliando sua consciência e a contribuição que tem na busca de compreender o ser humano. Contudo, aqui nos referimos à prática da psicanálise e à sua interpretação na época de Frankl. Esta, na medida em que se reduz a tratar dos problemas comportamentais (dimensão psíquica) por meio da causalidade (encontrar as causas inconscientes do comportamento), procura adaptar o indivíduo com sua disposição instintiva a uma harmonia com a realidade. Já a psicologia individual, com a categoria da finalidade (encontrar um fim para o comportamento a ser adotado), exige do indivíduo uma corajosa atitude para configurar uma nova realidade em sua vida, sendo ele responsável por si mesmo. Com efeito, o pai da logoterapia reconhece que, da psicanálise para a psicologia individual, houve um maior desenvolvimento da psicoterapia, um progresso na sua história. Contudo, percebe a necessidade de acrescentar à adaptação e à configuração uma terceira categoria que possa resgatar a totalidade da realidade humana como ser somático-psíquico-espiritual, chamada pelo autor de "consumação". A adaptação pode ser conivente com a realidade imposta ao indivíduo e a configuração pode correr o risco de se deter em aspectos externos (o que ocorre, por exemplo, quando uma pessoa de condições sociais e econômicas reduzidas chega a uma posição financeira confortável).

Faz-se necessária uma consumação íntima da vida para que o indivíduo possa realizar-se plenamente. A categoria de consumação impele para a possibilidade de valor(es) que a cada pessoa está reservada, dispondo-se a viver a vida na realização deste(s) valor(es) na medida em que ele(s) a reorienta(m) com um sentido inerente a si mesmo(s). Em outras palavras, a descoberta de valor(es) – equivalente, aqui, ao sentido – para a vida tem como consequência uma vida vivida dedicadamente, que encontra a realização não só em seu fim, mas em todo o seu devir existencial. Logo, a consumação pede um sentido para realizar a existência, uma vez que a felicidade não é um fim em si mesmo, mas um efeito colateral de uma dedicação ao que dá sentido à vida.

Para a logoterapia, a motivação da existência não está centrada no prazer equilibrado ou na realização pessoal, mas na descoberta de sentido/valores que dão à vida um caráter de missão.

Aqui está o ponto nevrálgico de distinção das teorias psicanalíticas. A tensão entre o ser e o dever ser é dirigida para a realização de sentidos/valores, em vez de uma psicodinâmica voltada para o equilíbrio homeostático. Tal distinção se dá com a inserção do elemento da liberdade,[4]

---

[4] A inserção do elemento da liberdade na teoria da psicodinâmica faz com que Frankl prefira substituí-la por *noodinâmica*. Do grego *nouj*, espírito, compreendendo, em seu substrato semântico, sua constituição pela composição da vontade e do intelecto; e *dinamij*, força propulsora, ignição. Portanto, em vez da *psico-dinâmica* (a existência motivada pelas forças psíquicas, inconsciente e consciente) prefere-se a *noo-dinâmica* (a força do espírito, do querer humano que se fortalece com a descoberta – capacidade do intelecto – de um sentido existencial).

colocada em segundo plano pela psicodinâmica.[5] Em outras palavras, apesar de ser movido por instintos e ter a liberdade condicionada biológica, psicológica e sociologicamente, o ser humano é também atraído para os valores, podendo decidir-se por eles e realizá-los apesar de todo condicionante. Vale transpor as próprias palavras, suficientemente avalizadas, de Frankl:

> Não preciso de que ninguém me chame a atenção para a condicionalidade do homem: afinal de contas, eu sou especialista em duas matérias, neurologia e psiquiatria, e nessa qualidade sei muito bem da condicionalidade biopsicológica do homem: acontece, porém, que não sou apenas especialista em duas matérias, sou também sobrevivente de quatro campos de concentração, e por isso também sei perfeitamente até onde vai a liberdade do homem, que é capaz de se elevar acima de toda a sua condicionalidade e de resistir às mais rigorosas e duras condições e circunstâncias, escorando-se naquela força que costumo denominar de poder de resistência do espírito. (Frankl, 2003, p. 41)

Sendo o *logos* mais profundo que a *lógica* e portanto seu guia, o ser orientado o é em função de um mundo de valores. Desse modo, ser orientado é ser "ordenado" de acordo com a ordem da vida. Ao confrontar o *logos* com a existência, não é a existência que gera um *logos*, mas é este último que a motiva. Portanto, "não se trata de atribuir sentido, mas encontrá-lo,

---
[5] Para Freud, o ego não manda em sua casa (Frankl, 2003, pp. 79-94).

descobri-lo" (2003, p. 77). Não obstante, descobrir o Sentido da Vida na logoterapia é menos um questionamento do indivíduo para a vida do que da vida para o indivíduo:

> O que se faz necessário aqui é uma viravolta em toda a colocação da pergunta pelo Sentido da Vida. Precisamos aprender e também ensinar às pessoas em desespero que *a rigor nunca e jamais importa o que nós ainda temos a esperar da vida, mas sim exclusivamente o que a vida espera de nós* [grifo do original] [...] Não perguntamos mais pelo Sentido da Vida, mas nos experimentamos a nós mesmos como os indagados, como aqueles aos quais a vida dirige perguntas diariamente e a cada hora – perguntas que precisamos responder, dando a resposta adequada não através de elucubrações ou discursos, mas apenas através da ação, através da conduta correta. Em última análise, viver não significa outra coisa que arcar com a responsabilidade de responder adequadamente às perguntas da vida, pelo cumprimento das tarefas colocadas pela vida a cada indivíduo, pelo cumprimento da exigência do momento. Essa exigência, e com ela o sentido da existência, altera-se de pessoa para pessoa. Jamais, portanto, o Sentido da Vida humana pode ser definido em termos genéricos, nunca se poderá responder com validade geral a pergunta por este sentido. A vida como entendemos aqui não é nada vago, mas sempre algo concreto, de modo que também as exigências que a vida nos faz sempre são bem concretas. Esta concretude está dada pelo destino do ser humano, que para cada um sempre é algo único e singular. Nenhum ser humano e nenhum destino pode ser comparado com outro; nenhuma situação se repete (por maior semelhança que haja). E em cada situação a pessoa é chamada a assumir outra atitude. (Frankl, 2005, p. 76)

Para Frankl, a principal preocupação do homem é estabelecer e perseguir um objetivo, e não satisfazer seus instintos e aliviar suas tensões. É essa busca que pode dar sentido à sua vida, fazendo-a valer a pena. Não se trata, então, de um sentido em termos gerais, mas de um sentido pessoal para a vida de cada indivíduo. Esse sentido descoberto é exclusivo da pessoa que o procura, o que confere a seu agir o caráter de algo único e de irrepetibilidade. Cada qual tem sua própria vocação ou missão específica. Tal tarefa, assim como o modo de executá-la, é singular e intransferível. E é a vida quem questiona e pede uma resposta ao seu chamado. Cada pessoa somente pode responder à vida respondendo *pela* própria vida. Essa responsabilidade é vista pela logoterapia como a essência propriamente dita da existência humana. A responsabilidade é para ela um imperativo categórico: "Viva como se já estivesse vivendo pela segunda vez, e como se na primeira você tivesse agido tão errado como está prestes a agir agora" (Frankl, 2005, p. 99).

No entanto, faz-se necessário que a pessoa queira descobrir um sentido para a vida ou sinta tal necessidade. É inútil um terceiro exigir de alguém que queira um sentido. Mesmo despertar alguém para dar resposta à vida só é possível se, antes, tiver interrogado o indivíduo. Então os questionamentos de um possível interlocutor terão peso existencial, isto é, serão significativos para a existência, uma vez que encontrar o sentido está em estreita relação com perceber a realidade.

É importante ressaltar que não é apenas nos momentos mais difíceis, aqueles de sofrimento, que, por meio da própria liberdade e responsabilidade, cada um pode e deve encontrar um sentido para a vida. Frankl observa que outros dois caminhos se apresentam como possibilidade de experiências constitutivas de sentido: o trabalho, no qual se cria algo para alguém, e o amor, em que duas pessoas se encontram existencialmente em sua originalidade e insubstituibilidade. O trabalho pode ser experiência de transcendência de si na qual se vivencia um valor da própria pessoa ligado à utilidade, podendo chegar a constituir sentido. Também o amor possibilita a experiência de transcendência, porém vivida na intersubjetividade: o encontro evidencia o valor do caráter único das pessoas. Do encontro de sentido é que nasce a relação do indivíduo com o valor. O sentido (*logos*) vivenciado pede uma reflexão (lógica) devido à necessidade de lógica do ser humano.

A relação sentido/valor

O valor é necessariamente transcendente como valor objetivo. Uma lâmpada acesa continua acesa ainda que alguém em sua subjetividade venha a fechar os olhos. Ainda que alguém possa não acreditar, o valor continua a existir, como se pode verificar no testemunho de quem constata que a lâmpada está acesa. A objetividade não exclui a subjetividade. O sentido é subjetivo na medida em que não há um único sentido para todos, mas um para cada um.

Os objetos são transcendentes em relação aos atos que para eles intendem. Alguém que descobre o valor de amar (ato), intende para o *amor* (objeto que transcende o ato que para o qual intende, amar para o amor). Os valores são universais de sentido que estão ligados à condição humana como tal, isto é, às possibilidades gerais de destino, como princípios de atuação. O sentido, por sua vez, se dá numa situação exclusivamente pessoal, concreta, irrepetível e única. Desse modo os valores, como sentido universalizado, à medida que se estendem no devir da história das sociedades, podem entrar em conflito. É nesse momento que pedem relevância a uma realidade mais adequada. Dois sentidos não podem colidir, uma vez que o sentido é algo pessoal, decorrente de uma responsabilidade insubstituível perante a vida. Só se pode dar uma única resposta a cada situação.

Pode-se discutir sobre o conceito de solidariedade (valor universal) ou sobre formas concretas de aplicá-lo, mas perante alguém que passa fome, só haverá um ato possível no momento em que a vida questiona, seja ele qual for. Uma pessoa não pode conscientemente ajudar *e* não ajudar. O valor, como princípio de atuação, pode ajudar a aperfeiçoar a consciência sobre o modo de responder ao momento presente, mas para isso deve haver um ato concreto para ser avaliado pela consciência. Não se trata de um sentido qualquer, que eu poderia atribuir de acordo com minhas ideias sobre solidariedade, mas de um sentido do qual eu responsavelmente extraio o apelo da situação. Frankl afirma: "Pela grandeza de um momento já se pode medir a grandeza de uma vida [...] Um simples momento pode dar sentido, retrospectivamente, à vida inteira" (Frankl, 2003, p. 82).

Nessa relação sentido/valor temos as duas faces de uma realidade única, o *logos*. Assim, no que se refere às formas de descobrir o Sentido da Vida, temos três vias: 1) a criativa, modo como o ser humano dá ao mundo um sentido, desenvolvendo (criando) um trabalho ou praticando um ato que tenha sua marca pessoal; 2) a experiencial, na qual se toma do mundo um sentido para viver experimentando algo como bondade, verdade e beleza, ou encontrando alguém para amar; e 3) a atitudinal, por meio da atitude que tomamos no caso de ter que enfrentar um sofrimento inevitável. Todas essas formas procuram encontrar um modo de manter a chama da vida acesa no contato direto com a realidade.

Transferindo para a esfera do meio ambiente, deve-se ter em conta que uma consciência planetária não se rege nos moldes de um coletivismo surdo aos anseios do indivíduo, mas ocorre no processo dialético em que o indivíduo constrói a percepção do valor da *sua* vida. Só quem descobre que a vida tem sentido passa a entender sua responsabilidade para com ela.

Os valores recebem essa nomenclatura por serem essencialmente valiosos aos seres humanos. Diferente do animal selvagem, que se orienta em suas ações exclusivamente pelos instintos, o ser humano, quando na cadeia da evolução, não se pauta tão somente por eles. O homem criou as tradições, que se distinguem dos meros costumes tradicionais mas formam um conjunto de valores que o auxiliam a agir diante das mais variadas questões, desde as mais cotidianas até as mais cruciais. Todo processo de educação autêntico é uma educação para os valores. Assim, todo valor possui um núcleo de sentido que, ao ser descoberto, exerce encanto na condição humana, numa "elucidação de sentido" e "eclosão de beleza" (Lópes Quintáz, 1994, p. 83) que passam a ser um valor para a pessoa. Em outras palavras, o valor é integrado a partir do patrimônio cultural para a singularidade do indivíduo de um modo único. A ética, portanto, resulta da integração progressiva e dialética da paixão e do amor em prol de algo ou alguém. A dinâmica existencial passa por esse eixo *eros* (encanto, paixão) – *logos* (descoberta do valor, sentido para a vida) – *ethos* (saber cuidar do que se ama e é significativo).

Em leitura teológica, ou seja, na leitura cristã da vida que procura traduzir o influxo da graça que impulsiona a pessoa a uma vida plenamente humana, poderíamos dizer que, por detrás dessa estrutura *eros-logos-ethos*, há a presença do Mistério que move a vida. Aqui a tradição cristã oferece elementos que clarificam a relação Deus-ser humano. Podemos dizer que a capacidade humana de se encantar e se apaixonar (*eros*) é constantemente visitada pelo Espírito Santo, o eros trinitário, que atrai o ser humano para o desejo de vida mais humana, consolando-o em seus momentos profundamente desumanos, momento em que se vê como vítima ou autor de sua culpa. Na teologia cristã, o Espírito Santo é aquele que aponta para o *logos*, que é o Filho, caminho para a vida que não é fuga do mundo, mas assume a cruz com a esperança da ressurreição, de que o mal para Deus nunca é a palavra final. E assim, inserido mais profundamente na vida que na morte, pode cumprir o *ethos* da vontade do Pai, que se chama, para nós, Reino de Deus.

REINO DE DEUS: MISTÉRIO E CONSCIÊNCIA DO AMOR NA VIDA

Ao lermos o Evangelho, podemos verificar que a mensagem central do anúncio de Jesus é o Reino de Deus (em grego, *Basileia tou Theou*). Vários diálogos e parábolas se dedicam à natureza, às exigências e à extensão desse reino. Essa temática teve importância tamanha que seus ensinamentos foram chamados de "evangelho (boa notícia) do Reino" (Mt 4,23; 9,35). A boa nova de Jesus Cristo nos revela que Deus tem um projeto para o mundo, e esse projeto se chama Reino de Deus ou o Reino dos Céus (*Basileia ton ouranon*, usado

33 vezes), como prefere Mateus ao se dirigir à comunidade de origem judaica, evitando pronunciar o nome divino (ver Mt 13,11).

Raízes veterotestamentárias do Reino de Deus

Em teologia, falamos em "continuidade-descontinuidade" da mensagem cristã quando há uma continuidade desta em relação ao legado do judaísmo, ao mesmo tempo que há descontinuidade, na medida em que o cristianismo faz outra leitura do judaísmo em chave cristológica. Isso em nada desmerece o respeito e a admiração dos cristãos pelo povo de Israel, e de igual modo não diminui nem a responsabilidade dos seguidores da Torá nem a dos discípulos de Cristo na construção do reino de paz, amor e justiça. O irmão mais velho não perde seu valor com o nascimento do mais novo.

O termo original hebraico-aramaico para Reino de Deus (*malkut YHWH*), apesar de ser um substantivo concreto, não nos diz muita coisa. É uma fórmula abstrata e, como todas as fórmulas hebraicas, precisa ser interpretada concretamente, de acordo com o caráter dessa língua. Por isso *malkut YHWH* (Reino do Senhor) é o mesmo que "o Senhor reina" ou "Deus reina". Logo, o termo não designa um território sobre o qual Deus reina, mas diz respeito à própria realeza de Deus, Seu poder soberano, o senhorio de Deus.[6]

A preparação do Seu reinado (*manifest-ação* concreta do poder soberano de Deus) tem início com a escolha do povo de Israel para ser, na história da humanidade, a testemunha e o anunciador de Seu desejo. Para isso Deus conclui com esse povo uma aliança. Com efeito, o senhorio de Deus é percebido por Israel a partir da noção de que Deus dirige Seu povo como guia e pastor (Ex 15,11-13.18). Ele derrota os inimigos (Nm 23,21ss; 24,8), une as tribos (Dt 33, 3-5), habita no meio do povo e lhe dá leis (Ex 33,7-11; Ex 19-20). No tempo dos juízes, a experiência do senhorio de Deus era tão forte que Gedeão se recusou a governar sobre as tribos e ainda proibiu que seu filho fizesse o mesmo, apontando para o único e exclusivo domínio de Deus (Jz 8,23). Também o profeta Samuel se irritou com o desejo do povo de ter um rei como os outros povos (1Sm 8,7; 12,12). Mesmo com a instituição da monarquia em Israel, o rei era tido apenas como alguém que provisoriamente desempenhava as funções de YHWH. O rei era Seu lugar-tenente. No templo de Salomão, a Arca da Aliança era considerada o trono de Deus (1Rs 8,6s).

Entretanto, mesmo na Primeira Aliança, o senhorio de Deus (reino) não se limita a seu povo, mas exerce um domínio

---

[6] Ver Rudolf Schnackenburg, "Reino de Deus", em J. B. Bauer, *Dicionário de teologia bíblica*, vol. II (4ª ed. São Paulo: Loyola, 1988).

sobre o universo. Isaías o vê como "YHWH dos exércitos" e "Senhor dos céus e da terra" (Is 6,3.5; Jr 10,7). Por ocasião das catástrofes das monarquias de Israel (Reino do Norte) e Judá (Reino do Sul), esta noção de um domínio real sobre o universo é portadora da esperança de que Deus estabelecerá um reino universal de paz (*shalom* em hebraico), reunindo as tribos de Israel e submetendo-as. Esse momento esperado é conhecido como o "Dia de YHWH".

Todavia, no decorrer dos tempos, a mesma esperança assumiu formas diversas. Havia quem, ao ouvir a expressão "Reino de Deus", entendesse essas palavras como um grito de guerra e não tardasse a pegar em armas e lutar contra os gentios[7] a fim de restaurar a independência de Israel. Outros esperavam um abalo das forças cósmicas que causaria o fim deste mundo. Outros, ainda, achavam que a vinda do Messias seria apressada pela prática da Torá e por meio da penitência. Todas essas ideias surgem de uma interpretação demasiado literal e até mesmo materialista da linguagem simbólica e figurada dos profetas.

Jesus e o Evangelho do Reino

Para a teologia cristã, Jesus é a palavra de Deus (Pai) encarnada (Jo 1,14), portanto é o fiel anunciador do pen-

---
[7] Na literatura bíblica, diz respeito aos não judeus.

samento do Pai: "As palavras que vos digo, não as digo de mim mesmo. O Pai que está em mim realiza suas próprias obras [...] para que pelo Filho se manifeste a glória do Pai [...] e a palavra que ouvistes de mim não é minha, mas do Pai que me enviou [...] faço o que o Pai me mandou fazer" (Jo 14,10.12.24.31).

Logo, a mensagem fundamental da boa notícia (*euanggélion* em grego) de Jesus é a vontade do Pai, ou seja, o Reino de Deus. Daí sua mensagem ser chamada "Evangelho do Reino" ou "anúncio da vontade do Pai".

Esse reino é inaugurado em Sua pessoa, em suas palavras e ações. Na força do Espírito, Ele revela o senhorio de Deus sobre toda a criação, atuando sobre a natureza (acalmando as tempestades, caminhando sobre as águas, multiplicando pães e peixes, expulsando os demônios – ver Lc 11,20; Mt 12,28; Mc 3,27). Também age sobre a natureza humana doente e enferma, e manifesta seu poder soberano sobre a morte nas ressurreições que realiza e em Sua própria ressurreição. Em seus milagres cumpre as predições dos profetas sobre a manifestação do Reino de YHWH (Lc 7,18-23) e em todo milagre diz algo sobre o Reino: que Deus tem poder sobre a vida e a favor dela.[8]

---

[8] O termo traduzido como "milagre" muito frequentemente é encontrado no original como *semeion*, sinal que se reporta a alguma coisa. Os milagres "extraordinários" se reportam a algo que Deus quer dizer não por meio de palavras, mas de ações.

Sua presença, Seu modo de viver e Sua pregação, sintetizada em "amar a Deus sobre todas as coisas [...] e ao próximo como a ti mesmo" (Mt 22, 36-39), revelam a face amorosa do Pai que envia Seu Filho ao mundo "para que o mundo seja salvo por ele" (Jo 3, 17-18). Essa vontade do Pai é o reino que "está preparado desde a fundação do mundo" (Mt 25,34), é o amor de Deus que deve reinar no meio da humanidade, manifestado concretamente em Jesus e anunciado por Ele: "O tempo (*kairós*) se cumpriu, o reino de Deus está próximo. Convertei-vos e crede no Evangelho (do Reino)" (Mc 1,15). O Reino de Deus é a construção da vida, tendo como princípio regente os ensinamentos de Cristo: "buscai primeiro o Reino de Deus e todas estas coisas serão acrescentadas" (Mt 6,33). Ele é o Messias esperado para reinar sobre todos os povos. Jesus se apresenta de uma forma totalmente inesperada, sem revoluções nacionalistas nem estrelas caindo do céu. Assim, o reino é construído no oculto do dia a dia, na vida comum dos seres humanos que aceitaram o plano de amor do Deus da vida, a fim de oferecer vida real e em plenitude (Jo 10,10).

A pregação da salvação, o perdão dos pecados, as curas e milagres revelam a vontade de Deus e são sinais de que Seu Reino está presente de modo especial para aqueles que sofrem, auxiliando-os e mostrando que tem Seu olhar para eles e que não estão apartados. Os milagres do Evangelho manifestam, a quem afastou os que sofriam, que Ele está próximo dos afastados e que segregar pessoas por rótulos é distanciar-se do próprio

Deus. Em primeira instância, o Reino de Deus não é um reino meramente terrestre, externo; ele revela que o primeiro lugar onde Deus quer reinar é o coração humano: "A vinda do Reino de Deus não é observável. Não se poderá dizer: 'Ei-lo aqui! Ei-lo ali', pois eis que o Reino de Deus está no meio de vós"[9] (Lc 17,20-21). Ademais, apesar de o reino ser uma realidade já presente (Mc 1, 14), é também futura (Mc 8,38; 9,43.45.47; 10,15.23.25.30). O Primeiro Testamento, para o cristianismo, foi o tempo da promessa do Evangelho. Com Jesus, desdobra-se um novo tempo de cumprir a justiça, guiada pelo amor que Dele deve vir para purificar o amor humano, mas isso é somente o começo (uma semente de grão de mostarda, quase imperceptível) que espera pela consumação gloriosa, pelo fim que não terá fim (Mc 4,30-32). No hoje do reino (*kairós*), ele se manifesta no perdão, que possibilita transformar o coração, e na vida filial e fraterna, acompanhada dos sinais do mundo novo, apresentado em imagens *extra-ordinárias* porque expressam o amor de Deus para além de toda a *des-ordem* do caos (expulsar demônios, curar os enfermos, ressuscitar os mortos). No futuro – que o cristianismo acredita que se consumará com a segunda vinda de Jesus, quando o amor for tudo em todos e reinar nos corações humanos –, será o alegre banquete com vinho novo da vida eterna (Mc 10,17.30), na conclusão da história, quando a justiça e o amor devem reinar gloriosamen-

---

[9] *Entós* no grego pode ser "dentro de vós"; na Vulgata (a versão latina da Bíblia), temos *intra*.

te sobre todo o caos e o absurdo da vida. No Reino de Deus anunciado por Cristo, manifesta-se a esperança da ressurreição, de que o absurdo não prevalece sobre a vida que resiste, sobre a força do Espírito Santo. Essa é uma aposta da experiência de fé que decorre da consciência de transcendência da vida humana radicada na presença desse Mistério que a impulsiona ao longo da história, de modo que acreditar que a morte não é a palavra final e o Mistério da desordem do mal não é definitivo é menos absurdo do que deixar de acreditar que no último obstáculo a ser transposto tal Mistério não estaria presente. Diante da morte, somos todos ignorantes, e a teologia muito pouco pode se pronunciar sobre ela. A teologia é o ato segundo reflexivo a partir da experiência de transcendência de um Deus que vai se dando a conhecer como Mistério do Amor em fatos que provocam novas perspectivas de um saber viver. Para essa experiência primeira de amor como excesso de sentido que transcende o absurdo da existência permitindo-se viver com um sentido, é mais absurdo deixar de acreditar que o amor pede a eternidade do que passar a acreditar em um mundo definitivamente sem sentido. Ao fazer sua experiência um dia, o salmista, tomado de sensibilidade poética (como podemos ver no Salmo 93), compara o soberano poder do Espírito de Deus com a ressaca do mar se chocando contra algumas pedras, fazendo com que as ondas se levantem, e reconhece ali a majestade de Deus: "O Senhor é rei, vestido de majestade, O Senhor está vestido, envolto em poder...". Ele compara a imponência das ondas do mar à incomparável imponência de Deus: "Mais que o estrondo das águas torrenciais, mais poderoso que as grandes ondas do mar, é poderoso o Senhor, nas alturas". Essa imagem das ondas pode servir para ilustrar a força de Deus: se em todos esses anos de humanidade ninguém conseguiu fazer com que elas deixassem de se chocar contra as pedras litorâneas, quem convencerá o oceano do Espírito de Deus a deixar de se chocar contra nosso coração de pedra até penetrá-lo e moldá-lo? Já diz a sabedoria popular: "água mole em pedra dura tanto bate até que fura". O Reino de Deus, além de ser o reino da misericórdia, do perdão, da justiça, é também o reino de uma invencível esperança, que rega as experiências seminais para que deem frutos nas gerações vindouras.

A vivência do Reino de Deus dentro do cristianismo permite superar seus reducionismos (dogmatismo, ritualismo, moralismo, legalismo, fundamentalismo, anacronismos...), possibilitando conceber um horizonte utópico e ético. Por um lado, é vivenciado como realidade que *já* acontece (no coração do cristão e de todo aquele que sinceramente procura o bem, enraizando-se no devir da História), mas por outro *ainda não*, pois a realidade sempre será um desafio a ser plasmado pelo reino como imperativo ético da consciência, cujo princípio é Jesus Cristo e sua mensagem pela vida. O cristão é aquele que procura mudar em si mesmo, hoje, aquilo que deseja que mude no mundo amanhã, pois vive já o Mistério da Vida que ainda não se manifestou plenamente no mundo.

A consciência do Reino de Deus não é algo que pertence ao cristianismo; antes, o cristianismo pertence ao Reino de Deus, e este último constitui sua meta. O reino atua misteriosamente na força do Espírito de Deus para sua própria construção. Desde muito antes do cristianismo, em outras culturas e nas pessoas de boa vontade e desejo sincero de reto agir, o *logos spermatikos* (semente da palavra) que é o próprio Cristo, semente do Sentido da Vida, semeada em todo ser humano pela força do Espírito, insiste na voz da consciência dentro de cada um, a fim de produzir frutos de justiça, paz e amor na construção do Reino de Deus. Como dizia Tolstói, em coleção de contos que leva sua afirmação como título da obra: "Onde existe amor, Deus aí está" (Tolstói, 2001).

Aqui, de modo especial, a ecologia e a teologia manifestam a dinâmica do reino, na medida em que uma colabora com a outra na crescente conscientização a respeito de um valor que deve ser interiorizado na consciência humana não só histórica, mas pessoal. Ambas querem ajudar o indivíduo a compreender que a *sua* vida é também a de todos nós, e que essa consciência só pode ser alcançada por meio da paixão pela vida, da qual transborda a beleza que impele à responsabilidade. Essa beleza é constantemente oferecida pelo Espírito que sussurra ao íntimo da existência, não raro cansada de testemunhar a brutalidade fria da vida, a fim de irromper em um inesperado brado de confiança, fazendo cantar: "É bonita, é bonita e é bonita".[10] Tal como Cristo ressuscitou da morte, assim age o Espírito: inesperadamente despertando a esperança em meio ao desespero e ao desânimo, dando sentido à vida que insiste em ser vivida, e que, como diz a mesma canção, "poderia ser bem melhor e será". O Espírito de Deus constrói o reino nesse "será", convidando a consciência humana a ir além do "poderia ser", responsabilizando-se por inventar estruturas humanizantes que garantam o direito a uma vida digna, penetrando heroicamente nas diversas comunidades, na educação, na saúde e no meio ambiente como expressão concreta de responsabilidade pela vida. Isso pede uma mudança estrutural da sociedade e implica a precedência de uma mudança cultural, na qual se resgatam os núcleos de sentido que podem possibilitar uma unidade social. Tal unidade não pode impedir o direito às diferenças, mas deve ocorrer naquilo que tudo une: a vida.

O CÓDIGO DEUTERONOMISTA: LEGISLAÇÃO PARA A VIDA

Todo reino tem uma Lei, até mesmo o Reino de Deus, onde a vida é protegida por Sua Lei. Por isso, examinaremos o texto surgido em um dos períodos mais antigos de Israel,

---

[10] A canção é de Luiz Gonzaga Nascimento Júnior, conhecido como Gonzaguinha, chamada "O que é? O que é?", gravada em 1982 no álbum *Caminhos do Coração* pela EMI/Odeon.

que revela as primeiras noções da Lei de YHWH: o Código Deuteronomista.

A escola literária deuteronomista exerce grande influência nas escrituras hebraicas (Crüseman, 2002, p. 283). Quando Jesus apresenta o maior dos mandamentos, Ele o extrai de uma citação deuteronômica: "Amarás o Senhor teu Deus com todo o teu coração, com todo o teu ser, com todas as tuas forças" (Dt 6,5). Este livro nos dá as perspectivas teológicas que influenciaram os profetas anteriores (Josué, Juízes, Samuel e Reis), conhecidos, hoje em dia, como parte da história deuteronomista de Israel. Ele influiu na forma final de vários livros proféticos, principalmente Oseias e Jeremias, e ainda exerceu influência indireta na história de Israel pelo Cronista (autor dos livros de Crônicas, Esdras e Neemias).

Entre 1947 e 1956, ficou célebre a descoberta de cerca de 930 documentos, conhecidos como Manuscritos do Mar Morto, em cavernas próximas à região de Qumran, em Israel. Esses documentos foram escritos entre o século III a.C. e o primeiro século depois de Cristo, e são importantes por oferecerem uma vasta gama de informações sobre o período em que foram escritos, revelando aspectos desconhecidos do contexto político e religioso nos tempos do nascimento do cristianismo. O chamado Rolo do Templo, produzido pela Comunidade de Qumran, era essencialmente uma interpretação do Deuteronômio feita pelo grupo dos essênios. O Segundo Testamento cita os textos deuteronômicos ou alude a eles quase 200 vezes. A reinterpretação de tópicos seletos da Lei deuteronômica e da história dos israelitas serviu de modelo para os rabinos que compuseram os livros Mishná e Talmude, textos centrais para o judaísmo rabínico que perdem em importância apenas para a Bíblia hebraica. Finalmente, o entendimento do Deuteronômio como documento oficial escrito deu origem aos próprios conceitos de Escritura e cânon.

Além do mais, este livro ocupava um ponto essencial na vida da antiga Israel. Os deuteronomistas não eram meros historiadores, e o livro não foi escrito em uma única época. Ao preservar, transmitir e reinterpretar a tradição antiga, seu propósito era proporcionar a Israel orientação para o futuro em uma época em que este era muito duvidoso. O Deuteronômio sugeriu que Israel reaprendesse as lições de seus anos formativos no deserto, sob Moisés: a obediência à Lei do Senhor era a única maneira de o povo garantir seu futuro. O livro foi apresentado ao povo como a última esperança: obedecer e viver, ou desobedecer e morrer (Dt 30,15-20). No entanto, essa obediência tem compreensões distintas em épocas distintas, dependendo das instituições vigentes em Israel. Uma coisa é a obediência na época da Reforma Deuteronomista iniciada no período da monarquia e que estava vinculada à aceitação da coroa e à reforma litúrgica. Outra coisa é a obediência ao chamado da Aliança para defender seus pares no período tribal. E aqui, então, distinguem-se as camadas de composição do Deuteronômio em sua forma final vinculada à proposta de reforma, e o protodeuteronômio, enquanto um código legal que sustenta a experiência das tribos de Israel.

O protodeuteronômio, seção do código legislativo que compreende os capítulos de 12 a 26 do livro do Deuteronômio, ganhou força e aceitação como reação ao reinado de Manassés (686 a.C.-642 a.C.) e Amon (642 a.C.-640 a.C.), seu filho. Durante esse período, a prática e o influxo do *javismo*, enquanto modo de vivência da fé de adoração exclusiva a YHWH e compromisso social com os mais necessitados (Fohrer, 1993, pp. 72-146), atingiram seu nível mais baixo, fazendo multiplicarem-se as injustiças sociais e econômicas, bem como sincretismos culturais e religiosos.

A marca especial do protodeuteronômio pode ser reconhecida na preocupação permanente com os pobres e na associação entre a obediência e a continuação da existência da terra. O caráter da doutrina religiosa dos escritos deuteronomistas do período tribal visa a uma ordem política, social e econômica justa e humana. Se o povo deseja assegurar um futuro para si na terra que Deus lhe concedeu, há só um caminho: o da obediência.

Até aqui usamos a palavra "código" de maneira generalizada. O livro do Deuteronômio é menos um guia prático para questões legais do que uma enumeração de valores e práticas tradicionais que os membros respeitáveis da comunidade consideram característicos da identidade israelita. No entanto, temos regulamentações amplas na parte central (Dt

16,18-20,20), na qual se abordam assuntos como monarquia, direito, sacerdócio, profecia e guerra, isto é, uma esfera ampla da realidade. Essas regulamentações não estão presentes nem no Código da Aliança nem no direito oriental antigo e, no fundo, só encontram paralelos em constituições da época moderna.

Se fizermos uma relação do Código Deuteronomista com o Código da Aliança, concluiremos que o material mais recente (deuteronômico) foi concebido com a intenção de substituir o mais antigo, ou seja: não há perspectiva senão a de um novo começo. As decisões saem das mãos do rei e dos sacerdotes e passam para a soberania popular, tendo como preocupação principal a preservação e a supremacia da vida, em especial a vida dos mais fracos.

A supremacia da vida

Tendo por base a tese de Crüsemann, pretendemos mostrar a importância central desse código de leis, aquilo que ele prioriza, a saber: a solidariedade à vida como exigência para adorar a Deus.

É preciso distinguir os mandamentos do Decálogo, enquanto princípios (*debarim*) que revelam a vontade de Deus e o código legal. Aqui vamos nos deter na relação tradicional comumente aceita do Decálogo entre sua **primeira parte**

(Dt 5,6-15) – referente aos três primeiros mandamentos, que se concentram no relacionamento entre Deus e Israel – e a **segunda parte (Dt 5,16-21)**, composta dos sete últimos mandamentos, que tratam dos relacionamentos que devem existir dentro da própria comunidade israelita.

Podemos relacionar à **primeira parte**, referente ao relacionamento Deus-Israel (tema religioso em sentido mais estrito), temas como: o lugar único de culto (Dt 12), a preservação da adoração única (Dt 13) e a preservação da santidade do povo (Dt 14,1-21). Percebe-se que o enfoque principal deste bloco está no centro (Dt 13): sem a adoração única a YHWH, os outros dois mandamentos perdem seu sentido de ser. No que se refere à **segunda parte**, o relacionamento social entre os membros da comunidade israelita, percebemos que se repete a mesma estrutura concêntrica. Iniciando-se em Dt 14, 22, a primeira da lei social deuteronômica trata do dízimo. O código se encerra em Dt 26,12 retomando o tema do dízimo, e ambas as partes terminam com o assunto "benção".

Em seguida, verificamos que em Dt 15,1-16,17 (após o tema do dízimo) encontram-se leis referentes à proteção dos mais fracos. Analogamente, leis como essas são encontradas novamente em Dt 23,16-25,19 (que é anterior ao tema do dízimo). As correspondências de conteúdo são evidentes: os dois trechos começam com determinações sobre a questão dos escravos. O código prossegue tratando dos cargos e instituições públicas em Dt 16,18-18,22, tendo correspondência com as passagens voltadas para as instituições privadas da família e da sexualidade em 21,10-23,15 (que vêm antes do tema da proteção dos mais fracos). Dessa forma, o bloco 19,1-21,9 situa-se no centro, apresentando como enfoque principal das relações sociais a preservação da vida. Aqui temos o grande fundamento bíblico da solidariedade, pois, para o deuteronomista, não basta adorar unicamente a YHWH (primeira parte do código) para ser fiel a Ele, mas Israel só conseguirá permanecer fiel a Deus enquanto as pessoas permanecerem fiéis umas às outras. Para melhor compreendermos esse assunto, tenhamos uma visão gráfica:

Primeira parte: relação Deus-Israel		
Dt 12	Dt 13	Dt 14,1-21
Lugar único do culto	Preservação da adoração única (centro)	Preservação da santidade do povo

Segunda parte: relação entre israelitas (social)						
14,22-29	15,1-16,17	16,18-18,22	19,1-21,9	21,10-23,15	23,16-25,19	26,12-15
Dízimo	Proteção dos mais fracos	Instituições públicas	Preservação da vida (centro)	Instituições privadas	Proteção dos mais fracos	Dízimo
I	II	III		III	II	I

Conclui-se que a verdadeira adoração ao único Deus *exige* a preservação da vida. Assim, o verdadeiro culto a

Deus tem uma exigência de solidariedade para com a vida. Com esse objetivo, Israel tomou medidas legislativas para garantir essa vontade de Deus. Por um lado, a preservação da vida precisa de leis que a protejam, principalmente as vidas mais desprovidas de segurança. Por outro, deve haver uma consciência de fidelidade à vida, de modo especial a dos mais fracos. Para Israel, a adoração a Deus e a solidariedade não são dois códigos, mas duas partes de um mesmo código, consequentemente com igual dignidade e necessidade de exigência. Em outras palavras, a idolatria é tão grave quanto a exploração. Poderíamos até mesmo dizer que aquele que explora os mais fracos não pode se dizer parte do Povo de Deus. Igualmente, pode-se dizer que aquele que é solidário com a vida, especialmente a dos mais fracos, está glorificando a Deus.

O Deuteronômio, antes de ser uma coletânea de leis, é uma reflexão a partir da experiência das tribos mais antigas de Israel sobre os fundamentos de toda a nossa obediência a Deus, em face de uma escolha pró ou contra Ele, pró ou contra a vida. Tal é a base para uma moral social coerente, para uma inversão de prioridades na atual globalização. Em vez de termos como centro o lucro, devemos centralizar a supremacia da vida e transferir o poder de poucos para a soberania popular, ou seja, da grande maioria. Também a reflexão teológica sobre os códigos legais nas Escrituras revelam que a fé necessariamente deve adentrar as estruturas de cada tempo.

MAS AINDA NÃO ENTENDI A LIGAÇÃO ENTRE TEOLOGIA E ECOLOGIA...

O sentido existencial tem sua incidência no cotidiano, nas atitudes tomadas ou nas orientações a serem seguidas. Implica o jeito de um indivíduo pensar, agir e ver o mundo, a si mesmo, os outros e a transcendência. Em suma, o sentido é uma razão global para a existência humana no mundo. Tal sentido se constrói pela conjugação de todas essas dimensões, o que, por definição, faz com que a busca de sentido seja sempre inesgotável, procurando alcançar sínteses mais complexas e paradoxalmente mais simples, resultando numa atitude existencial coerente com o sentido descoberto e criado.

Essa busca de sentido – que a logoterapia entende não como uma opção, mas como uma necessidade constitutiva do ser humano –, é uma descoberta de valores que permite perceber o valor da vida. Quando esta passa a ter significado, sendo esclarecida para e pelo indivíduo, torna-se mais profunda e digna de ser insistentemente vivida. A existência concreta é o único ponto de partida possível para revelar a essência do homem, ou seja, aquelas experiências e valores essencialmente humanos. Nessa busca, a humanidade sempre foi auxiliada pelas tradições como portadoras de valores e constitutivas das culturas. Isso permitiu que esses valores fossem inseridos diretamente na cosmovisão dos povos.

Com o surgimento da modernidade, o homem se autopercebeu em sua maioridade, dispensando toda forma de heteronomia, passando a ser sujeito de seus atos sem a tutela das instituições, de modo especial sem a tutela das igrejas. Passou, então, a agir como sujeito autônomo,[11] decidindo por si mesmo o que deve ou não ser feito, confiando, deste modo, no progresso da ciência para descobrir a verdade.

Após vermos o grande sonho do século XX virar pesadelo, acordamos assustados no século XXI. Não foram "somente" duas guerras mundiais e campos de extermínio, mas, paralelamente a isso, as promessas do progresso resultaram na destruição da natureza, uma vez que a exploraram de modo irracional e suicida. A razão, o progresso e a técnica, em sua busca cega pela eficácia, desconsideraram que, por maior que seja a honestidade intelectual do pesquisador em sua investigação, seus resultados não garantem que as decisões políticas se orientem pela mesma busca, de modo que os resultados são eleitos de acordo com os interesses dos espaços de decisão política. A legítima busca de soluções que a ciência pode e deve oferecer aos problemas humanos esbarrou no obstáculo da escusa vontade política do século XX, em seu discurso de promover o bem comum, que acabou por fazer da tecnologia uma vantagem estratégica no tabuleiro de xadrez do cenário político mundial

---

[11] Do grego, o substantivo *nomos* é usado para lei, normas. A ideia de *hétero* (outro) e *auto* (referente a si mesmo, próprio) *nomia* diz respeito à "lei que é dita pelo outro" (*hetero-nomia*) e a "lei que eu mesmo conheço" (*auto-nomia*).

alicerçado sob o modelo econômico da concorrência a qualquer preço. Os insucessos das estratégias políticas não foram atribuídos à vontade política, mas imputados acentuadamente aos limites da ciência, sem considerar que o fomento dos investimentos científicos está condicionado aos resultados esperados pelos cenários políticos. É evidente que a ciência esbarra em seus próprios limites de compreender e solucionar os problemas das respectivas áreas epistemológicas da investigação, mas para o indivíduo moderno entusiasta da ciência não lhe foi claro que tais limites são agravados pelas restrições que a política impõe ao próprio desenvolvimento científico e pelo modo como os governos aplicam os resultados científicos. Essa não transparência dos interesses políticos e dos limites científicos deu ao cidadão comum, espectador da promessa de salvação da Ciência, a impressão de que o mundo não tinha mais conserto, pondo em questão o Sentido da Vida. À crise da modernidade, originada nas promessas não cumpridas do progresso, seja por suas expectativas não atingidas, seja pela interferência política da democracia moderna, acrescentam-se novos e dramáticos problemas, como se pode verificar:

> [...] o imprevisto agravamento da questão ecológica, o aumento das desigualdades entre norte e sul do planeta, no risco contínuo de desembocar em conflitos sanguinolentos, a proliferação dos armamentos e a conexa ameaça de destruições nucleares ou químicas, a reprodução de novas e velhas pobrezas também dentro das sociedades do mais elevado bem-estar, o surgimento

de doenças epidêmicas, como a Aids, não facilmente curáveis em termos de medicina, mas somente pela autorregulação ética; finalmente os riscos de manipulação da vida, conexos com as novas possibilidades oferecidas pelas biotecnologias, colocam de novo as questões sobre os limites éticos das experiências genéticas [...]. (Martelli, 1995, p. 454)

A crise iniciada no século XX e legada ao terceiro milênio de modo globalizado é, em primeiro lugar, a crise de todos, uma vez que é a crise do cotidiano, a "crise dos fundamentos humanos" (Kujawski, 1991, p. 34), da articulação organizada do cotidiano, dos moldes em que experienciamos a vivência do dia a dia. Isso nos lança diretamente para o confronto imediato e primário da crise. O cotidiano é o momento espaço-temporal em que nos familiarizamos com as circunstâncias, as quais deixam de ser meras análises sociológicas e passam a ser "nossas circunstâncias". E justamente nelas nos projetamos. Aí é que estabelecemos nosso modo de viver: de habitar, trabalhar, conversar, divertir-nos, comer, projetar o futuro, etc. Ser, na condição humana, é o modo de *estar* nas circunstâncias, em busca de condições de articular ordenadamente o cotidiano dentro de um horizonte de sentido. Quando não encontramos ordem no cotidiano, não encontramos sentido para a vida e vivemos uma confusão de valores, alimentada por um descrédito das instituições, quando então se constata que estas, participantes do mesmo desafio de uma mudança de época, também se encontram na confusão de seu tempo.

François Dubet, sociólogo da educação, dirá que "as instituições não são somente os fatos e as práticas coletivas, mas também as molduras, ou disposições (*cadres*) cognitivas e morais, nas quais se desenvolvem os pensamentos individuais" (Dubet, 2002, p. 22). Desse modo, a principal função de uma instituição social é o dever de socializar, ou seja, interiorizar normas e valores da sociedade, formando a consciência do indivíduo como se tais normas e valores fossem próprios, transformando o indivíduo comum em sujeito autônomo. A instituição realiza isso como um programa institucional que constitui a própria ação institucional, o instituir de fato, como interiorização do social e da cultura de uma maneira particular. O programa institucional pode ser definido como o processo social que transforma os valores e princípios em ação e subjetividade, por meio de um trabalho profissional específico e organizado. A instituição socializa o indivíduo para o mundo, inculcando nele um *habitus* e uma identidade conforme as exigências da vida social. Tem-se, assim, a fórmula:

Valores/Princípios → Profissional (Vocação) → Socialização: indivíduo e sujeito

Cabe aqui, então, à socialização, assegurar a continuidade entre a estrutura social (valores e princípios) e a personalidade, solidificando a sociedade na tessitura social composta entre estruturas objetivas institucionalizadas e dinâmicas subjetivas em contato direto com a realidade. O modo como fará isso está inscrito no programa institucional, que por sua vez se fundamenta em dois níveis: um *alto* (*haut*) e um *baixo* (*bas*). O nível alto diz respeito à extraterritorialidade institucional: seus valores e princípios não são meros reflexos da comunidade e de seus costumes, mas, antes, construídos sobre um princípio universal, que habita mais ou menos *fora do mundo* (*hors du monde*). Assim é a divindade para as religiões, a razão para a escola republicana e para a ciência, a serviço da alteridade etc. Diz-se extraterritorial porque se situa acima da diversidade dos grupos e das classes, dos interesses privados e do particularismo dos costumes. Na instituição, portanto, a vocação se define pelo "alto" (valores e princípios universais).

Dado tal princípio central, o profissional legítimo para o programa institucional não é avalizado por sua técnica de saber fazer, mas pela adesão aos princípios universais de uma instituição. O *vocacionado* a uma profissão, mais que ser um profissional, mais que obedecer, é capaz de se anular, de se sacrificar por uma causa superior. A legitimidade dos profissionais de uma instituição não é estritamente técnica e instrumental, mas portadora dos valores com os quais esses profissionais são existencialmente identificados. É necessário mais que saber ler e escrever para ensinar, mais que saber fazer curativos para ser bom enfermeiro, mais que conhecer as leis para ser juiz: é necessário amar as crianças, compartilhar a dor dos enfermos, desejar a justiça, etc. Oferece-se como "garantia moral", mais que um saber-fazer técnico-instrumental, uma doação à vocação para o que se faz. Na vocação institucional, os valores imanentes são concebidos como um traço da personalidade.

Poderíamos fazer uma metáfora religiosa do programa institucional como uma catequese da instituição, destinado a interiorizar seus *dogmas* (valores/princípios). Para ser mais exatos, porém, deveríamos falar desses dogmas como um horizonte de sentido e do programa catequético como um modo de assimilação existencial no qual não se busca apenas entender "tecnicamente" seus conteúdos, mas assimilá-los existencialmente de modo a entender os conceitos objetivos e se entender melhor diante deles, uma vez que tais conceitos são lidos para além de suas fórmulas, derivadas de cada tempo.

A assimilação existencial de conceitos históricos (tradição) atinge sua essência ao transpor, não de modo anacrônico, mas sincrônico, aquilo que descobre como um princípio de vida e ação, efetivamente interiorizado pelo sujeito e pelos atores sociais, porque é descoberto afetivamente como algo que lhes marca a sensibilidade e a percepção da realidade em que vivem, alargando a própria perspectiva. A teologia contemporânea não desconsidera tal dinâmica socioexistencial: "A verdade subjetiva faz parte da verdade objetiva para se tornar eficaz" (Ratzinger, 2007, p. 57). É desse modo que a verdade de uma instituição (valores e princípios) se torna veracidade e, consequentemente, tem credibilidade social pela diferença que o indivíduo que compartilha de tais valores e princípios faz na vida dos demais, sem desconsiderar seus limites.

A modernidade, para a sociologia clássica, é definida como emergência progressiva da individualidade. Seus valores interiorizados tornam-se convicções individuais. "O indivíduo deve ser orientado por sua própria bússola", dirá Dubet. No programa moderno, a consciência de si mesmo como indivíduo não acarreta oposição à instituição, pois resulta do mesmo processo civilizador, o que implica uma forte interiorização das normas e dos valores. Portanto, o indivíduo moderno elabora sua própria moral, torna-se juiz de si mesmo, à medida que se supõe a *auto-nomia* (lei própria). Teoricamente, na obrigação de ser livre está contida a obrigação de ser seu próprio censor. A razão o orienta para tanto, devendo a moral ser tributária da inteligência, em consonância com a disciplina institucional, como relação social que molda o indivíduo no controle de si, mediante os valores e princípios instituídos, como repertório de sua consciência que o constitui como "sujeito" de seu sentido existencial.

Contudo, a geração francesa de maio de 1968 denunciou a imagem da instituição moderna, tendo como modelo o Estado soberano, retratando-o como máquina de disciplinar e destruir toda individualidade. Dubet (2002) faz duas críticas ao programa institucional da modernidade:

1. Há uma reificação das instituições, substituindo o desejo de ensinar e curar pela astúcia da dominação

e do poder. As instituições de socialização são vistas como hospícios e prisões, gerando total desencanto.
2. Opõe-se o fechamento das instituições à diversidade das demandas sociais, que não raro não se enquadram no hermetismo institucional. As instituições são tidas como rígidas burocracias.

A grande força do programa da modernidade, que conseguira substituir o universo simbólico da tradição, estava em sua capacidade de crer – e fazer crer – homogeneamente em seus valores e princípios. Uma vez que esses são sentidos de forma paradoxal pelas contradições culturais do capitalismo, por exemplo (a ética dos burgueses e a realidade dos trabalhadores da sociedade industrial), começam a causar a ruína do monopólio das instituições, de que provém a consciência de um mundo pluralista. Em outras palavras, as instituições não têm a resposta cabal para o sentido de viver.

Para entendermos o declínio da instituição, precisamos levar em conta que o programa institucional está intimamente ligado à ideia que se tem de sociedade, o que implica uma suposta coerência entre cultura, estrutura social e personalidades. No entanto, como pudemos ver acima, a institucionalização da razão e das normas universais da modernidade foram concebidas como burocratização alinhada à busca da eficácia. Os programas institucionais modernos são "batizados" (nas palavras de Dubet) de burocracia. O que significa que são regidos pela razão instrumental, pondo a perder o caráter sagrado do profissional em seu tipo de relação social, sendo legitimado racionalmente por sua eficácia, competência e procedimentos legais. A promoção do sujeito ético é substituída pela do indivíduo utilitarista, uma vez que os valores e princípios da modernidade não cumpriram o papel de salvaguardar as garantias morais no relacionamento social. Há agora uma sensação de salve-se quem puder.

As instituições perderam sua credibilidade por não cumprirem o que prometeram, deixando ao indivíduo um sentimento de desamparo. Ele não pode contar com ninguém, não sabe para onde ou para que dedicar sua vida. É interessante a leitura que faz Dubet da depressão como "doença da liberdade", da obrigação que o indivíduo tem de se motivar por si mesmo, desacreditado na sociedade por perceber a incoerência entre a estrutura social (valores e princípios modernos), sua cultura (burocrática, na busca cega da eficácia, passando por cima dele mesmo) e sua vida pessoal. Há uma ausência de desejo naquele momento chamado pós-modernidade, uma fadiga proveniente da obrigação de ser um sujeito, de se motivar sem saber direito para que existir. Há uma evasão do código cultural da modernidade por sua incapacidade de dar sentido à existência. Como suportar o sofrimento, se ele não pode ser distanciado, por desconhecer os responsáveis por ele, por não entender seu sentido moral ou metafísico? O sofrimento está inerente ao mal-estar de se sentir *desenraizado* da sociedade.

Na crise das instituições locais, os centros de produção de significado se tornaram, por força do mercado, "extraterritoriais" e "pan-ópticos" (Bauman, 1999, p. 9), fomentando a sociedade de consumo. Em outras palavras, eles cristalizaram a razão instrumental e o indivíduo utilitarista reificado em homem-massa, sendo este manipulado em sua dignidade pelo mercado, tornando-se um "androide programado para produzir", deixando de ser sujeito de sua própria história (Vieira, 2005, p. 35). A cultura do espetáculo entende como razão de ser e viver o "parecer ser", o viver para o exterior. A interiorização – reflexão sobre a existência, a individualidade e a subjetividade afetivo-perspectivista inscritas no programa institucional da modernidade – é dificultada e indesejada. Assim, não se fica nem na heteronomia da tradição, nem na autonomia da modernidade, mas no niilismo da "pós-modernidade", que nega qualquer sentido à existência, imerso na inércia do "parecer ser" e do "desejar". O indivíduo tornou-se escravo de sua individualização. Nesse espaço cultural hermeticamente fechado do indivíduo ensimesmado, teologia e ecologia correm o risco de serem relegadas a seus respectivos espaços, tidos como redutos eclesiais e ambientalistas.

A questão do sentido se apresenta como vontade de integrar o esquema heteronomia–autonomia. Ao identificar a beleza de um horizonte significativo que não foi imposto por formas de autoritarismo, legalismos e moralismos, e sim criado no processo de desenvolvimento pessoal alimentado pelo desejo de ser mais humano, a pessoa não pode ser subtraída à forma original e única como irá encarnar determinado valor. A questão do meio ambiente e do pensamento ecológico só atingirá plenamente suas metas se conseguir adentrar essa dinâmica da integração pessoal e singular de um valor social que, por parecer óbvio, pode acabar por perder seu encanto quando a obviedade é entendida como saber o suficiente para não querer saber mais.

Aqui a teologia quer auxiliar mais diretamente a ecologia, como sua interlocutora na fé das pessoas e na revolução cultural da sociedade. Enquanto deseja atuar na fé das pessoas, pretende iluminar a partir dos valores da Tradição, por uma fé inteligente que consiga *ex-culturar* o *logos spermatikos*, a centelha de verdade presente no movimento ecológico e ambientalista, envolvendo-os numa aura de mistério que os faz sair da superficialidade das ideias para a profundidade do compromisso.

No entanto, a interlocução da teologia não deve se restringir às pessoas de fé, mas entendida como parceira social na luta por uma causa que é a de todos, procurando colaborar na reflexão séria da questão ética em busca da excelência da vida. Nisso a teologia tem algo a dizer à sociedade, em sua experiência e reflexão que incidem sobre a práxis de defensora da vida. Há um segundo fator no qual a teologia pode colaborar com a reflexão "meio ambiental". O próprio labor teológico se dá no seio de uma instituição que não é isenta dos reducionismos e tentação de controle do indivíduo. Um olhar menos suspeito pode evidenciar tal limitação e possibilidade da teologia.

Michel Foucault identifica a genealogia do modo de governar dos Estados modernos como forma de condução das consciências individuais assimilada das instituições cristãs com base no pastoreio, no qual o indivíduo, como "ovelha", apresenta-se docilmente ao "pastor" (representante institucional), que delimita sua liberdade de acordo com a orientação institucional (Foucault, 1980, p. 79). O que Foucault chama de cristianismo é o que aqui a teologia olha criticamente como cristandade, em que o cristianismo se torna uma teocracia. Entretanto, o mesmo Foucault, ao falar da hermenêutica do sujeito, situa a mistagogia do cristianismo primitivo como forma de o indivíduo se conhecer (Foucault, 2010, pp. 295-331).

Por mistagogia, o cristianismo entende a arte de condução do indivíduo ao encontro com o Mistério. Nesse encontro, o indivíduo não somente descobre o Mistério como também se descobre em uma nova possibilidade até então não percebida em sua perspectiva circunstancial.

A teologia contemporânea entendeu que tal mistagogia cristã é uma *lógica de conhecimento existencial* (Rahner, 1963, pp. 93-181). Por existência, estamos falando de um novo modo que o Ocidente se pergunta pela essência da vida, ou ainda, o sentido de viver. Tal questão se desloca da pergunta pelo ser do Mistério enquanto fundamento de tudo, para a pergunta por um *modo de ser* específico, o *ser* humano. No desenvolvimento da teologia cristã se formulou a categoria *comunicatio idiomatum*, em que se evidenciava a *comunicação do idioma*, entendendo-o como um *modo de ser* em que um modo *divino* (essencial) participa do desenvolvimento global do modo *humano* (existencial).

A *comunicação idiomática* desenvolve a ideia de que há uma *participação* do Mistério de sentido que a vida possui na vida humana, que passa a participar desse Mistério enxergando a vida como capaz de encontrar sentido. Essa participação compõe o pressuposto do *logos* investigativo da teologia, pois atinge a compreensão de tal participação ao entender esse *logos* como teândrico, pois vê na pessoa humana de Jesus, morador da cidade de Nazaré na época de Pôncio Pilatos, o Mistério que transborda a finitude existencial, e ainda no modo de ser *humano* de Jesus de Nazaré um *logos* que se faz *caminho* para uma experiência de sentido (Jo 1,14). O modo de ser *divino* se dá a conhecer como *humano do humano* na pessoa de Jesus Cristo, e assim sua pessoa é *mímesis* para a vida humana. A redescoberta da mistagogia como elemento fundante do cristianismo resgata a ideia de existência cristã e convida o próprio cristianismo a se reinventar, de uma Igreja cooptada pelos espaços de decisão política em tempos de cristandade acentuadamente marcada pelo poder, para uma Igreja marcada pelo *cuidado* com o ser humano, que pretende ajudá-lo a se entender melhor, e isso significa se descobrir como capaz de ser *mais* humano.[12] A ação desse Mistério que aponta decisivamente para o *mais* humano espelhado na pessoa de Jesus de Nazaré é que faz a teologia contemporânea tematizar a *vontade de Deus* como *vontade de sentido*, que o ser humano carrega, como vontade de *humanizar o humano* e seu habitat cultural a partir da construção de um mundo melhor. A *comunicação de idiomas* ganha nova explicitação na semântica teológica:

> A história do amor entre Deus e o ser humano consiste precisamente no fato de que esta comunhão de vontade cresce em comunhão de pensamento e sentimento e, assim, nosso querer e a vontade de Deus coincidem cada vez mais: a vontade de Deus deixa de ser para mim uma vontade estranha que me impõem de fora os mandamentos, mas é a minha própria vontade, baseada na experiência de que realmente Deus é mais íntimo a mim mesmo, de quanto o seja eu próprio. Cresce então o abandono em Deus, e Deus torna-Se a nossa alegria. (Bento XVI, 2006, nº 17)

Assim, em sua missão de reinventar enquanto *instituição para o cuidado*, carrega o mesmo desafio de superação de

---

[12] Aqui não se trata de um "humanismo" como programa político que é alvo da crítica de Foucault, pois todos os movimentos autoritários do século XX se intitulavam "humanistas". Antes, querermos falar da capacidade ontológica do ser humano de ser *melhor* e, assim, humanizar o humano, como consciência crítica e provocadora de qualquer movimento, independentemente de como se chama ou for chamado pela história.

mentalidades, e essa busca de ser promotora de uma consciência e existência mais humana não pode dispensar sua consciência planetária, em que concretiza uma cultura de cuidado, como ser responsável pelas relações globais que a tudo envolve e, como parte ativa dessa mesma sociedade, deve ajudá-la a se entender como responsável por si mesma, sem messianismo que dispense a responsabilidade humana, mas talvez como testemunha de Mistério que salva a liberdade humana para escolher o melhor para si e a sociedade em que vive como espaço que fomenta o respeito à alteridade. As palavras de Jesus não condenavam um povo, mas um modo de ser que atingia uma parcela desse povo, podendo também atingir – como certamente atingiu muitas vezes – qualquer povo que tenha fé reducionista em alguma coisa. Em outras palavras, Jesus condenava o seu legalismo autoritário, o moralismo pré-conceituoso, o ritualismo estéril, o dogmatismo abstrato e pretensamente superior, tendência que gera seu extremo oposto: o niilismo gáudio. A teologia e a ecologia podem juntas colaborar para ampliar o horizonte de responsabilidade do ser humano para uma compreensão mais ampla do valor da vida.

NOVA ECOLOGIA + NOVA TEOLOGIA = NOVO MEIO AMBIENTE

Duas retas paralelas se encontram no Infinito.

Lei da física clássica

A NOVA ECOLOGIA

O movimento ecológico hodierno não se prende à ecologia natural, como se fosse um capítulo da biologia. A ecologia foi assim entendida no século XIX, classificada por Ernst Heinrich Philipp August Haeckel (1834-1919). Nascido em Potsdam, Prússia, esse famoso médico e zoólogo alemão realizou trabalhos sobre a natureza dos organismos inferiores, protozoários e esponjas, além de estabelecer relações entre esses organismos e espécies superiores na classificação animal. Baseando-se nas teorias de Darwin, tentou reconstruir o ciclo completo de evolução dos seres vivos, desde os animais unicelulares até o homem. Nesse contexto de pesquisa, a ecologia (termo cunhado por ele) é a disciplina que estuda as relações dos seres vivos entre si e deles com o meio ambiente. Hoje, porém, esse movimento atinge os ambientes da fauna e da flora que exigem mais cuidado, demandando uma compreensão bem mais ampla que se foi formando com o auxílio da nova física, da filosofia, da psicologia do profundo e até da teologia moderna, na aurora do século XX.

Quem dá o pontapé inicial para a nova compreensão da ecologia é a nova física. Ao apresentar os novos princípios científicos, ela acabou por gerar uma nova cosmologia. A teoria da física quântica de Max Planck, que apresenta as interações das partículas entre si e com a radiação eletromagnética, criando a base para toda a ciência contemporânea, influenciou Einstein na sua Teoria da Relatividade e sua compreensão de equivalência entre energia e matéria, que se intermutam dinamicamente ($E=mc^2$). A escola de Copenhague, com Niels Bohr, produziu a Teoria da Complementaridade, segundo a qual o universo se organiza na complementação dos opostos, que, num processo de complexificação, vão interligando os elementos entre si. A eles seguiu-se Werner Heisenberg, que nos permite compreender tal processo por meio do Princípio da Indeterminação ou da Incerteza, segundo o qual as partículas atômicas não se encontram numa realidade fixa, determinada, mas se organizam mediante novas probabilidades, isto é: vão-se adaptando a partir de novas alterações e, ao mesmo tempo, gerando uma realidade oposta a si mesma, que ampliará esse mesmo processo dinâmico na interação dos opostos. Trata-se da ideia dos opostos que se atraem progressivamente, mediante uma nova realidade que os une e os desenvolve. Tais teorias constituem, na nova física, a Teoria da Complexidade, pela qual o diferente é necessário para a harmonia na medida em que amplia a teia de relações para construir um novo equilíbrio entre os opostos, como descreve David Bohm. Tudo é relação.

Cada átomo está ligado com o todo do cosmo. É a visão holística do mundo, em que tudo (*holis* em grego) está interligado com tudo. Por isso, o surgimento do mundo é possível depois de uma grande explosão atômica (*Big Bang*), pois a dinâmica de desenvolvimento do cosmo se auto-organiza (*auto-poiese*). Ao surgir algo, simultaneamente gera-se seu oposto, para que se amplie a relação de complementaridade. Verifica-se, por exemplo, que entre x e y não há incompatibilidade, mas um vínculo profundo que tende a se encontrar, adaptar-se e gerar uma nova realidade (x^1) mais complexa, gerando novo elemento oposto (y^1) e, portanto, reiniciando um novo ciclo de complexidade. Tudo isso é regido por uma consciência cósmica inteligente, que se equilibra gerando a matéria e se desfaz (Teoria do Caos) liberando energia, para se *re-encontrar* dinamicamente (uma vez que o caos é generativo, permitindo que outra realidade surja) numa nova forma de equilíbrio, mais complexa. Tal movimento se repete até o ponto ápice de complexidade que é o ser humano, a consciência da criação, perfeita simetria entre matéria e energia vital.

Ao lado da nova física, surgiu a psicologia do profundo: a psicanálise. Esta teve seus princípios teóricos formulados por Sigmund Freud (1856-1939) e procura desvendar os mistérios da complexidade do comportamento humano, ou seja, os níveis de complexidade comportamentais que se vão criando por processos internos, mas extremamente ligados às relações externas, sociais, que o indivíduo tem na experiência de vida. Vai-se descobrindo que o ser humano se constrói numa relação de complexidade psíquica, entre desejos e proibições, amor e hostilidade, superioridade e inferioridade... entre opostos que convivem e procuram equilibrar-se. Carl Gustav Jung (1875-1961), psiquiatra e psicólogo, discípulo predileto de Freud, cria a psicologia analítica ao discordar de seu mentor, em 1912, que postulava que os fenômenos inconscientes se explicam por influências e experiências infantis ligadas à libido. Para Jung, esta passa por uma transformação que também se torna complexa, o que o leva a se opor à ideia de que seu caráter é exclusivamente sexual, considerando que a libido consiste, antes, em uma energia de caráter universal. Para este psicólogo suíço, conforme essa energia vital se dirige para o interior ou para o exterior, vai-se delineando o aparecimento de um dos dois tipos psicológicos fundamentais, que se manifestam no modo de relacionamento social: a introversão (menor capacidade de relacionamento com os outros) ou a extroversão (maior capacidade). Contudo, talvez a maior contribuição de Jung, aquela que permitiu captar a profunda interligação e complexidade do gênero humano, tenha sido sua teoria sobre o inconsciente coletivo, em que afirma que as sociedades humanas possuem arquétipos comuns a todas elas. Estes se expressam por meio dos mitos, das religiões, da arte, dos sonhos, da loucura e dos distúrbios psíquicos.

Jung, além de analisar o inconsciente pessoal, isto é, a história pessoal – e nisso ele concorda com Freud –, também percebeu que o inconsciente das pessoas (inconsciente pessoal), revelado em seus sonhos, possuía conteúdos históricos de séculos e até mesmo milênios anteriores, aos quais tais pessoas não tinham a menor condição de acesso. Tais revelações do inconsciente iam para bem mais além do que o período de tempo que haviam vivido. Isso fez com ele desenvolvesse a teoria do inconsciente coletivo, uma camada do inconsciente que parte do inconsciente da história humana. Em outras palavras, está presente em nós não somente o inconsciente da pessoa humana, mas o "inconsciente da humanidade". Tal inconsciente é formado por arquétipos, verdadeiros patrimônios da cultura humana desde suas fases mais primitivas, guardados no inconsciente de cada um. Tais arquétipos, que constituem o conteúdo desse inconsciente coletivo, são manifestados em nossos sonhos. Assim, todos nós podemos ser ou viver exatamente o que outros foram e viveram na história humana. Isso dependerá da história pessoal de cada um, que vai-se formando com os conteúdos históricos, vai-se tornando mais complexa e assumindo novas formas, mas não sem o seu elo histórico.

Há ainda um dado muito interessante na formação junguiana da psique. Todo processo de complexidade psíquica tende a caminhar na direção de uma integração e uma unificação dentro de uma consciência imensamente maior e, portanto, imensamente mais complexa, o que lhe permite ser infinitamente mais simples porque é mais organizada e unificada. Ou seja: a nossa maturidade psíquica se dá num processo de interação pessoal, histórica e cósmica.

Tais grandes descobertas revolucionaram o modo de pensar do século XX e constituíram a base para a ecologia profunda, proposta pelo filósofo norueguês Arne Naess em 1973 como resposta à visão dominante sobre o uso de recursos naturais. Naess propõe enfocar a importância de aprofundar a reflexão dos aspectos éticos ligados à questão ambiental, algo que viria a influenciar todo o movimento ecológico.

O filósofo norueguês se insere na tradição do pensamento ecológico-filosófico do americano Henry David Thoreau (1817-1862), por sua vez influenciado por Rousseau e Emerson. Aquele o faria descobrir a paisagem da Nova Inglaterra; este o ajudou a acreditar que só na aprendizagem do contato íntimo com a natureza é possível vencer as relações de poder corruptas da civilização, que impediam o sonho norte-americano de liberdade de acontecer concretamente para todos. Tal convicção o fez passar dois anos isolado num "barraco" que ele mesmo construiu às margens do rio Walden, nome que seria dado ao livro que contém seus princípios ético-filosóficos. Essa experiência também enriqueceu e ampliou suas convicções contra a administração pública e os injuriosos impostos, formando as bases de um anarquismo pacífico que mais tarde influenciaria a resistência pacífica de Gandhi e o movimento *hippie*.

Precede, ainda, a ecologia profunda a ética da Terra, de Aldo Leopold, engenheiro florestal e mais tarde professor da Universidade de Wisconsin. Suas pesquisas sobre conservação da vida selvagem se tornaram referência para o assunto, fato que o tornou consultor da Organização das Nações Unidas (ONU) para tal área. Sua obra mais importante, *Sand County Almanac*, de 1949, lança as bases para a ética ecológica. Para Leopold, a ética é o diferencial que proporciona o bem comum, na medida em que engendra uma conduta social contra uma conduta antissocial, provocada pela mentalidade vigente da incapacidade, comodismo e desmotivação ecológica. Somente essa conduta social é que pode garantir a autorrenovação de um organismo, isto é, a saúde. Assim, tal conduta ecologicamente responsável é que pode fazer a diferença para a saúde do planeta, sua autorrenovação. Assim exprime Aldo Leopold:

> A ética da terra simplesmente amplia as fronteiras da comunidade para incluir o solo, a água, as plantas e os animais, ou coletivamente: a terra. Isto parece simples: nós já não cantamos nosso amor e nossa obrigação para com a terra da liberdade e lar dos corajosos? Sim, mas quem e o que propriamente

amamos? Certamente não o solo, o qual nós mandamos desordenadamente rio abaixo. Certamente não as águas, que assumimos que não têm função exceto para fazer funcionar turbinas, flutuar barcaças e limpar os esgotos. Certamente não as plantas, as quais exterminamos, comunidades inteiras, num piscar de olhos. Certamente não os animais, dos quais já extirpamos muitas das mais bonitas e maiores espécies. A ética da terra não pode, é claro, prevenir a alteração, o manejo e o uso destes "recursos", mas afirma os seus direitos de continuarem existindo e, pelo menos em reservas, de permanecerem em seu estado natural. (Leopold, s/d., p. 204)

As bases da ética da Terra de Leopold influenciaram o surgimento da bioética, termo utilizado pela primeira vez em língua inglesa num artigo de Van Rensselaer Potter intitulado "Bioethics, the Science of Survival. Perspectives in Biology and Medicine", publicado em 1970. Esse texto seria mais tarde publicado como o primeiro capítulo do livro *Bioethics: Bridge to the Future*, em 1971. Van Rensselaer Potter, doutor em bioquímica, foi pesquisador e também professor na Universidade de Wisconsin (onde Leopold também lecionou). A preocupação do professor Potter, inicialmente, era com o que chamamos aqui de incapacidade ecológica da sociedade moderna, isto é, a repercussão do modelo de progresso assumida na década de 1960 que gerava sérios problemas ambientais e de saúde. Influenciado pela ética da Terra de Leopold, ele propõe uma "ética interdisciplinar" que pudesse unir a ciência (conhecimento biológico) aos valores humanos. Essa compreensão o levou a, mais tarde, chamar esse conceito de primeiro estágio da bioética, a bioética ponte, pois, num primeiro momento, era esta a sua função: ser ponte entre ciências e humanidades. Dizia o pesquisador: "Eu proponho o termo bioética como forma de enfatizar os dois componentes mais importantes para se atingir uma nova sabedoria, que é tão desesperadamente necessária: conhecimento biológico e valores humanos" (Potter, 1971, s/p).

No entanto, devido aos avanços na área da saúde, o termo acabou sendo utilizado em um sentido mais estrito. Apesar de essa reflexão manter a base interdisciplinar, ela esteve restrita às questões de assistência e pesquisa em saúde por alguns autores. Destarte, isso fez com que Potter reiterasse sua proposta inicial. Além da influência de Leopold, o pensamento de Potter tinha também a influência de Teilhard de Chardin e Albert Schweitzer, dos quais falaremos mais tarde. Perpassava necessariamente por suas ideias a complexificação da vida e a reverência por ela, fazendo com que apresentasse o segundo estágio de desenvolvimento da bioética como uma proposta ética que englobasse todos os aspectos relativos à vida e ao modo de viver, dando assim cidadania plena à questão ecológica em toda a sua abrangência. Dentro das discussões da bioética, haveria, portanto, a necessidade da ética nas pesquisas em seres humanos e na vida selvagem, mas não apenas isso: a bioética deveria ser entendida como ética da vida, das populações, do consumo, da cidade, entre as nações. Esse dado já fora revelado em 1970, mas ganhou novo enfoque em 1988, sendo chamada essa segunda etapa de bioética global.

Novamente seu sentido não foi compreendido por todos. "Global" não foi visto como "abrangente", desde o ponto de vista interdisciplinar, mas foi interpretado por alguns autores como uma visão uniforme e homogênea em termos mundiais, do ponto de vista do processo de globalização, acompanhado do temor de que se estabelecesse um único paradigma filosófico nas questões morais na área da saúde, o que soava como uma nova forma de imperialismo. Fez-se necessário, para eliminar equívocos, engendrar uma nova fase de apresentação e reflexão da bioética, a fim de resgatar a intuição original da primeira proposta, aplicando-se para isso o conceito de ecologia profunda do norueguês Arne Naess, apresentando assim o terceiro e atual estágio da bioética: a proposta abrangente e humanizadora de uma bioética profunda. Esta deve se manter pluralista, abrangente, aberta a novas críticas e novos conhecimentos, mas sem deixar de identificar o que há de mais profundo e comum à vida, à responsabilidade e à reverência. Assim apresenta Potter, em 1998, o estágio atual: "Nova ciência ética que combina humildade (o gênero humano em igualdade com os demais seres), responsabilidade e uma competência interdisciplinar, intercultural e que potencializa o senso de humanidade" (Potter, 1998, pp. 370-374).

Na mesma época em que Naess apresenta a sua ecologia profunda, também encontramos ideias semelhantes no movimento ecológico gaúcho de Lutzenberger, a Associação Gaúcha de Proteção ao Ambiente Natural (Agapan), desencadeando o movimento ecológico brasileiro. As ideias de Naess são apresentadas sinteticamente pelo professor José Roberto Goldim, da Universidade Federal do Rio Grande do Sul:

Visão de mundo predominante na cultura ocidental	Ecologia profunda
Domínio da natureza	Harmonia com a natureza
Ambiente natural como recurso para os seres humanos	Toda a natureza tem valor intrínseco
Seres humanos são superiores aos demais seres vivos	Igualdade entre as diferentes espécies
Crescimento econômico e material como base para o crescimento humano	Objetivos materiais a serviço de objetivos maiores de autorrealização
Crença em amplas reservas de recursos	Planeta tem recursos limitados
Progresso e soluções baseados em alta tecnologia	Tecnologia apropriada e ciência não dominante
Consumismo	Fazendo com o necessário e reciclando
Comunidade nacional centralizada	Biorregiões e reconhecimento de tradições das minorias

Fonte: José Roberto Goldim, disponível em http://www.bioetica.ufrgs.br/ (acesso em 21-5-2012).

Prospecto analítico

A nova consciência ecológica e ambiental não se reduz a alguns grupos ambientalistas, mas abrange, catalisa e traduz um modo de ser alternativo e necessário para a crise de paradigmas da sociedade atual. Essa crise se iniciou exatamente com as revoluções tecnológicas Industrial e da Informática, que abandona o respeito da Revolução Tecnológica para com o mundo agrícola para explorar a terra e o ser humano na busca de novos e maiores lucros.

Dizemos em teologia que é possível identificar na ecologia um "sinal dos tempos", uma vez que nela se encontra uma síntese dos grandes pensamentos que revolucionaram o século XX e adentram o novo milênio. Percebe-se um despertar e caminhar do espírito humano em direção à integração cósmica, especialmente a partir de um elemento da criação que é o principal responsável pelo cosmo que habita: o ser humano, visto como membro da família humana, os filhos da mãe Terra.

A consciência ecológica profunda caminha no progressivo, abrangente e, por que não dizer, atraente compromisso para com tudo o que vive. Sua luta incorpora muito mais do que os nobres membros de associações e ONGs ambientais, mas deve atingir todo o ser humano que respeita a vida e se entende como parte desse único organismo vivo que é Gaia, consequentemente se desdobrando na busca de condições de autorrenovação, isto é, de saúde para os mais diversos aspectos da vida. Saúde psíquica, ambiental, política, social, familiar, tudo isso é saúde ecológica e só se alcança por meio da descoberta do espaço de direito e dever para com tudo o que integra, enriquece e é enriquecido na altruidade e na receptividade.

Contudo, o mundo pede uma nova mentalidade para enxergar a beleza da vida e da natureza, que foi escondida neste mundo conturbado. Sem uma nova consciência complexa, podemos nos condenar mutuamente com conclusões fáceis e superficiais e não raro tautológicas. Sem essa consciência da ecologia profunda, os próprios ecologistas podem não ser irradiadores de um novo paradigma. Se havia algo que irritava profundamente nosso grande ecologista gaúcho Lutzenberger era quando lhe perguntavam: "E a ecologia, como vai?".

No sentimento de *des-compromisso* da sociedade, que fica esperando alguns "messias" para lhe dar conforto e tranquilidade, desejando que resolvam os problemas/responsabilidades que competem a cada um, é que ficam escancaradas as portas e os espaços de decisão política para esquemas do tipo "mensalão", enquanto falta o atendimento às necessidades básicas para milhões. Se tais portas estão abertas e vulneráveis é porque nós entregamos as chaves. A sociedade é responsável por si mesma. Como diria Aldo Leopold: "As obrigações não têm sentido sem consciência, e o problema com que nos defrontamos é a extensão da consciência social das pessoas para com a Terra" (Leopold, 1989, p. 209).

A CRISE ECLESIOLÓGICA E A TEOLOGIA DO LAICATO

O vocábulo "laicato", coletivo de "laico", vem do grego *láos*, povo. Laico, numa acepção superficial, é aquele que não é clérigo. Numa tônica pejorativa, laico ou leigo é o ignorante em relação a alguma coisa. Na esfera eclesial, o leigo era tido como ignorante em teologia, restrita aos clérigos e religiosos. Com o crescimento da concepção de Igreja como povo (*láos*) de Deus, o laicato vai ganhando maior espaço e valor na vida eclesial do cristianismo, incluindo o acesso à teologia, como foi o caso do autor deste livro.

A teologia do laicato desponta como necessidade de reflexão da fé sobre os leigos, quando o modelo de *societas inaequalis* (sociedade desigual) da cristandade, que supervalorizava a vida religiosa e clerical em detrimento do laicato (pelo menos em nível de mentalidade eclesial), entra em crise com o advento da modernidade. À medida que esta última questiona esse modelo, suas respostas se apresentam insuficientes para as novas realidades e problemáticas emergentes.

No bojo dessa eclesiologia que favorece o estado clerical e religioso está ainda, antes, o modelo eclesial de *societas perfecta* (sociedade perfeita), que entende como verdade de fé não somente o *depositum fidei*, mas o modo de expressá-lo em suas fórmulas e elaborações de raciocínio, ao qual todo e qualquer pensamento deveria se conformar. Salvaguardando o modo para fazê-lo, o estado clerical ganha, além de certo prestígio moral, também um certo *status* sobre o enfoque de sua autoridade. No imaginário popular, tem-se a ideia, portanto, de que "o padre manda" porque o "padre sabe o que faz", "ele não erra".

Contudo, nosso tempo se define como um momento crítico, ou seja, um momento da história em que se vive uma crise de paradigmas. Essa se define quando o modelo vigente não responde mais aos grandes questionamentos que lhe são feitos, para os quais ele não tem mais condições de dar resposta. Assim, o período de crise é também um momento de definição, em que se faz necessário definir novos princípios que constituam um novo paradigma. No atual momento, é clara a necessidade de um novo paradigma, mas não está claro quais são os princípios desse paradigma.

Como vimos, o paradigma que entra em crise é o da sociedade ocidental tradicional, na qual se entende por tradição a postura *hetero-noma* das instituições: alguém que sabe o que é melhor para sociedade define o que é bom, cabendo ao indivíduo, por bom senso, cumprir o que lhe determinam, seja o Estado, a Igreja, a família ou a escola. A sociedade moderna rejeitou essa tutela institucional, a fim de que o indivíduo se torne *auto-nomo*, escolhendo para si o que é bom ou mau a partir das suas experiências pessoais.

À medida que as instituições tradicionais, portadoras do saber do bem e do mal, foram dando respostas insuficientes ou simplesmente insistindo em fortalecer suas posições tradicionais, sem dialogar com o indivíduo que as questionava e com sua realidade própria, elas foram perdendo significação para o Sentido da Vida e a cosmovisão, para seus metarrelatos que explicavam a vida, o mundo e a existência pessoal. Haja vista, por exemplo, o problema entre as ciências e as instituições religiosas, entre a família e a revolução sexual, entre o Estado e o mundo globalizado. Cada vez que as instituições tradicionais viram tais diferenças como opostos irreconciliáveis e tentaram impor seus valores (ou melhor, o modo de apresentá-los e entendê-los), a fim de fazer com que os indivíduos se adequassem a seus ideais e suas formas de significação, perderam tais indivíduos por não levarem em conta seus contextos históricos e culturais.

O modelo da *societas perfecta*, visão eclesial cujas raízes remontam à Idade Média, estabelece que a organização eclesial seja vista como modelo para toda a sociedade. Por exemplo, como reina um só papa, deve haver um só imperador, um só bispo em seu rebanho, um só senhor em seu feudo. Entrando em crise as autoridades, surge a necessidade de uma forma de maior participação, fruto de um diálogo maduro que purifique a memória e ilumine novos horizontes de esperança. Na atual crise de paradigmas, enquanto modelo heterônomo, a *societas perfecta* se torna insuficiente para a mentalidade autônoma da cultura moderna. Não são os conselhos que regem o sujeito moderno, mas as experiências significativas que ele faz e que lhe apresentam novos sentidos de vida. O modelo clerical (padre, pastor) não atinge a fábrica, o escritório, as universidades. Os conselhos dos clérigos, por melhor que sejam, podem ser distorcidos nas vias midiáticas. É o laicato que estará lá, iniciando o processo de evangelização, mediante a apresentação de suas e de outras experiências significativas que carrega.

Em face desse desafio histórico e paradigmático, a Constituição Dogmática *Lumen Gentium* (Luz dos povos) sobre a Igreja[1] (católica), aprovada em 21 de novembro de 1964, durante o Concílio Vaticano II, sob o pontificado de Paulo VI, busca apresentar uma nova autocompreensão da Igreja. Na dinâmica de procurar suas fontes e perceber o Mistério na história, o Concílio aponta para a eclesiologia do primeiro milênio como Mistério de comunhão, que tem em seu substrato semântico e teológico a eclesiologia do "povo de Deus", fonte da teologia prática do laicato.

Perspectiva histórica da eclesiologia de comunhão

A grande forma de organização dessa eclesiologia é a Igreja como comunidade (*koinonia*),[2] isto é, a Igreja é o Povo de Deus, o *qahal YHWH* da Nova Aliança, que vive em comu-

---

[1] Aqui nos limitaremos à eclesiologia (reflexão sobre a Igreja) de tradição católica, não por menosprezo às demais tradições que com certeza têm muito a oferecer a esta reflexão. Tal empreitada, porém, não compete a um modesto livreto de aproximação. Fica o convite de outros nobres e competentes irmãos de fé cristã o convite para essa empreitada, com certeza muito proveitosa.

[2] Ver At 2,42-47; 4,32-35; 5,12ss e verbetes "conciliarismo", "constância", "concílio" e "comunhão" em Lacoste (2004).

nhão com o Senhor. Quem apresenta de modo programático tal eclesiologia é São Paulo. Paulo não vê a Igreja como uma entidade centralizada e integrada, que se realiza de modo especial em (dependência de) um determinado lugar ou centro, como foi o caso do templo de Jerusalém na Antiga Aliança. Cada comunidade local pode-se chamar *ekklesia* (1Cor 1,2; 4,17; 6,4; Rm 16, 1.16.23), tal como se pode falar no plural *ekklesiai* (Rm 16,4; 1Cor 11,6; 14,33s; 16,1.19), sem excluir que se dê o nome de "Igreja (de Deus)" ao conjunto das comunidades ou igrejas locais, ou seja, à Grande Igreja ou Igreja Universal (1Cor 10, 32; 11,22; 12,28; 14,35; 15,9; Gl 1,13; Fp 3,6). Também as associações menores, como uma comunidade doméstica, chamam-se *ekklesia* (Rm 16,5). Dessa compreensão de comunhão/comunidade também deriva um sinônimo eclesiológico, que aprofunda o Mistério eclesial de comunhão como uma eclesiologia plural e não raro de conflito, exigindo um complemento eclesiológico que ajude a equilibrar as diferenças: a eclesiologia do corpo de Cristo (Ef 4.5.6).

Todas as demais formas de reflexão eclesiológica do período patrístico denotam uma forma de viver a comunhão (*koinonia*/*comunio*) com Deus e os irmãos, mas de modo especial exerce grande influência a eclesiologia de comunhão a partir de Agostinho, que desenvolve a eclesiologia paulina do *corpus Christi mixtum*. A Igreja é um povo a caminho da imortalidade, e entre seus membros há diversos papéis a ser desempenhados em proveito uns dos outros. Há dois momentos da mesma Igreja: a futura, sem mancha, e a presente, em que fiéis bons e maus são como trigo e palha misturados na mesma eira, o *corpus Christi mixtum*. O verdadeiro membro o é pela eternidade, o da Igreja futura, que já alcançou a meta. Ocorre, também aqui, uma *communicatio idiomatum* (comunicação de idiomas), isto é, uma comunicação do modo de viver entre a Igreja futura e a presente. Há também uma comunhão imperfeita na Igreja, constituída por aqueles que estão nela, mas sem a caridade que os insere na Igreja, ou seja, os pecadores. E também fazem parte da comunhão os justos de fora da Igreja, que têm a caridade, mas não a unidade.

Assim, a eclesiologia de comunhão tem suas raízes na eclesiologia paulina do Corpo de Cristo, dando espaço de autenticidade à pluralidade ministerial e vocacional do Povo de Deus. Tendo sido desenvolvida e aprofundada de modo especial por Agostinho, chega a um ponto crítico que faz a Igreja do segundo milênio alterar seu paradigma eclesiológico. A crise desse modelo se dá com a "questão das investiduras laicas", pela qual os nobres e imperadores tinham o direito de nomear clérigos ou mesmo vender ministérios eclesiásticos, imiscuindo-se em assuntos que competiam puramente ao foro da Igreja.

A mudança do paradigma ocorre com o papa Gregório VII (1020-1085) e sua reforma que retira dos leigos a influência e o domínio sobre os bispos por parte dos reis e imperadores, deixando as questões eclesiais sob o exclusivo domínio dos clérigos. Há uma "desigualdade" (*societas inaequalis*) desejada entre os estados de vida na Igreja. Tal modelo vai-se reforçando de um modo marcantemente jurídico devido ao progressivo empenho em afastar os leigos de sua influência para nomear os eclesiásticos na Igreja. Esse modelo ganha nova dosagem especialmente a partir do papado de Bonifácio VIII, no século XIV, num contexto de legitimação do poder eclesiástico em face do poder das monarquias nacionais emergentes nos países da cristandade medieval, desenvolvendo-se mais tarde numa apologética antiprotestante e antimodernista.

A eclesiologia clássica, portanto, nasce de uma necessidade de fundamentar-se teológica e juridicamente de modo a reservar ao clero o comando das estruturas eclesiais, fortalecendo seu próprio poder e autoridade que, por sua vez, não hesitava muitas vezes em condenar (diferente do dialogar/discutir entre as comunidades, como no Concílio de Jerusalém descrito em Atos dos Apóstolos, capítulo 15) tudo o que afetasse tal aparato teológico-jurídico da *vera ecclesia*.

Tal despolarização da autoridade, agora inversa ao clero, também provocou rupturas, com a mudança de paradigmas, haja vista o rompimento do penta-patriarcado,[3] com a separação dos ortodoxos em 1054, e a Reforma Protestante. Entendia-se que tudo que não se alinhasse à eclesiologia clás-

---

[3] A Igreja do primeiro milênio, chamada Igreja Uniata, era composta por cinco patriarcados: Jerusalém, Antioquia, Alexandria, Constantinopla e Roma. O patriarcado mais antigo presidia na caridade entre seus pares.

sica não fazia parte da *vera ecclesia*, e portanto devia receber a condenação (*anátema sit*). A eclesiologia de cristandade propõe um modelo de organização a partir da autoridade. E é essa autoridade, recebida de Cristo, que lhe permite definir o que constitui a *vera ecclesia*, haja vista o enfoque dado às "Notas da Igreja" para deslegitimar as igrejas da Reforma: una, santa, católica ou universal e apostólica. Essas eram as características marcantes que distinguiam a Igreja de Cristo. Atualmente, porém, essas marcas são muitas vezes preservadas pelas tradições das igrejas históricas, cada qual a seu modo.

Um ponto crítico dessa eclesiologia do segundo milênio se dá exatamente na crise de autoridade do papado, no período em que na mesma Igreja Católica houve dois papas (Gregório XII, papa de Roma, e Bento XIII, antipapa de Avignon, na França). Tal crise só foi resolvida com o Concílio de Constança, aberto a 1º de novembro de 1414 por João XXIII (mais tarde deposto como antipapa), com o intento de resolver esse impasse com a teoria conciliar ou conciliarismo, que situa o concílio geral acima do papa e lhe concede o poder supremo na Igreja de regular os princípios da fé e manter a unidade.[4]

Contudo, a proclamação *a posteriori* da infalibilidade papal retomaria a ideia da eclesiologia clássica de fortalecer a autoridade eclesial, de modo especial a autoridade do papado.

---

[4] Ver Zenon Kaluza, "Conciliarismo", em Lacoste (2004).

Quando, na ocasião da nomeação do cardeal Ângelo Roncalli, ele adota "curiosamente" o nome de João XXIII e convoca um concílio, coisa que soava estranha aos ouvidos não acostumados à colegialidade no governo de um pontífice.

João XXIII procura libertar a Igreja dos exageros da eclesiologia de cristandade (assim chamada a eclesiologia do segundo milênio, marcadamente juridicista), equilibrando-a com um Concílio Ecumênico, voltando ao paradigma eclesiológico do primeiro milênio, abrindo-se para algumas aproximações eclesiológicas: do Ocidente com o Oriente; dos católicos e sua eclesiologia da visibilidade (enfoque jurídico-institucional) com a eclesiologia protestante da Igreja invisível (mistérica); do clero com o laicato, como membros distintos em suas funções, mas em igual dignidade do único Povo de Deus.

Lumen Gentium

A *Lumen Gentium* (LG ou Luz dos Povos) é a constituição dogmática que apresenta a eclesiologia desejada pela Igreja católica a partir do Concílio Vaticano II. Foi promulgada por Paulo VI em 21 de novembro de 1964, constituindo um marco na história da Igreja Católica. Sua ideia de Igreja como Povo de Deus influenciou e ainda influencia muitos movimentos e pastorais. Seu proêmio (nº 1) apresenta seu objetivo: com o anúncio do Evangelho, a Igreja deseja iluminar todos os povos (neste momento crítico da história) com a claridade de Cristo, que resplandece na Sua própria face, uma vez que ela é sacramento (sinal) da "íntima união com Deus e da unidade de todo o gênero humano" em Cristo. A LG visa, assim, a oferecer um ensinamento mais preciso sobre a natureza e a missão universal da Igreja, de estabelecer uma comunhão mais íntima e total da humanidade com Deus e dos homens e mulheres entre si, a partir de Cristo. A Igreja pretende, assim, ser sinal de comunhão numa sociedade ensimesmada.

Trindade e Reino de Deus, fonte da comunhão do Povo de Deus (nº 2-5)

A LG entende que a comunhão entre Deus e os homens e dos homens entre si, em Cristo, é sinônimo de salvação. Portanto, a criação é o primeiro ato salvífico. No desígnio eterno de Deus, o ser humano foi criado para participar da vida divina, ou seja, para a comunhão de vida dos homens e das mulheres com a vida de Deus como Pai, por conseguinte transformando todo o gênero humano em irmãos num único reino eternamente.

O Filho é o *alfa* de toda a criação (Jo 1,3; Ef 1,4-5.10), em que fomos criados à Sua imagem (de Filho), para nos tornarmos filhos adotivos. O Filho, portanto, é Aquele que realiza a vontade do Pai, redimindo (resgatando) a humanidade, libertando-a do pecado (obstinação do fechamento em si mesmo) e devolvendo-lhe a comunhão original, reconduzindo-a, assim, ao seu fim (sem fim) último que é Cristo, o *omega* de toda a criação (Ap 1,8). Ele inaugura, assim, o Reino dos Céus, abrindo as portas celestiais que haviam sido fechadas e que se manifestam claramente no "lado aberto de Cristo crucificado" (Jo 19,34), dando começo e crescimento à Igreja (Reino de Cristo), para ser sinal (sacramento) irradiador da comunhão (salvação) eterna Nele.

É o Espírito Santo que gera a comunhão na Igreja, que a faz ser sacramento de salvação (comunhão), pois transmite a experiência que carrega em Si a comunhão da Trindade. Portanto, Ele é que gera vida na Igreja (Jo 4,14; 7,38-39), ao libertar da contradição-pecado que exclui o homem de Deus e de seus irmãos, vindo habitar nos corações (1Cor 3,16; 6,19). Ademais, é Ele que prepara a Igreja para a união consumada com seu Esposo (Ap 22,17). Dessa maneira, a Igreja aparece como povo reunido na unidade do Pai, do Filho e do Espírito Santo, reflexo da Santíssima Trindade.

O Reino de Deus (que é a vontade do Pai para a humanidade) é inaugurado e se manifesta na pessoa de Cristo, nas suas palavras (pregação da salvação) e ações (perdão dos pecados, curas, milagres, atos de misericórdia), uma vez que Ele é o rei, isto é, Senhor e Cristo (título real) (Is 29,18; 35,5-6; 61,1-2; At 2,32). Jesus inicia Sua Igreja com o anúncio da "boa nova do Reino" (Mt 4,23; 9,35), constituindo-a na Terra como o germe e o início, destinada a acolher o dom do reino, anunciá-lo e expandi-lo a todos os povos neste tempo intermediário entre a pregação de Jesus sobre o Reino de Deus e sua consumação gloriosa, quando, por fim, a Igreja unir-se-á ao seu rei.

Igreja como Povo de Deus (nº 6-17)

A Igreja é apresentada sob várias imagens, prefiguradas pelos profetas: é o redil do qual Cristo é a única e necessária porta (Jo 10,1-10); é o rebanho do qual o próprio Deus é o pastor (Is 40,11; Ez 34,11ss); a Igreja é a lavoura, o campo de Deus, a vinha eleita plantada pelo celeste agricultor (1Cor 3,9; Rm 11,13-26; Mt 21,33-43; Is 5,1). Na imagem da vinha, Cristo é a verdadeira videira na qual a Igreja constitui seus ramos (Jo 15,1-5). Ela ainda é comparada a uma construção de Deus (1Cor 3,9) edificada sobre a pedra angular que é Cristo (Mt 21,42; At 4,11; 1Pd 2,7; Sl 117,22), recebendo vários nomes como "casa de Deus", "morada de Deus", "templo de Deus", "templo santo", "cidade santa", a "nova Jerusalém" ou "Jerusalém celeste". É ainda descrita como nossa mãe (Gl 4,26; Ap 12,17) e esposa imaculada (Ap 19,7; 21,2.9; 22,17). No entanto, duas imagens, de modo especial, são enfatizadas: o corpo de Cristo e o Povo de Deus. Aquela é decorrente desta e vem em continuidade ao elo histórico da teologia da Encíclica de Pio XII, *Miystici Corporis*, de 29 de junho de 1943. O Concílio Vaticano II, ao trazer essa eclesiologia, apresenta a Igreja como sacramento de salvação, ou seja, *mistérion* salvífico. O Mistério da salvação vem de Cristo, (Cl 4,3; ver

2,2; Ef 3,4) portanto a Igreja se volta para Jesus. Ela não tem finalidade em si mesma, mas existe em função de Jesus e vive da comunhão com o Mistério, que é sempre maior que sua visibilidade jurídica e institucional, como vigorava na ideia de *societas perfecta* já trabalhada por Agostinho, como pudemos ver. Portanto, ela colabora para a aproximação ecumênica e inter-religiosa com a eclesiologia protestante da invisibilidade da Igreja e a fenomenologia das religiões.

Outro enfoque eclesiológico dado pelo Concílio em perfeita sintonia com o corpo de Cristo foi o de Povo de Deus. Deus ama toda a humanidade e acolhe todo aquele que O teme e pratica a justiça (At 10,35). Aprouve, contudo, a Deus eleger um povo santo (consagrado) que fosse sinal (sacramento) de salvação (comunhão) com Ele e a humanidade. Ao eleger um povo, dando-Se a conhecer (revelando-Se) por meio das alianças (ato de comunhão) estabelecidas com o povo de Israel, foi preparando a Igreja Povo de Deus que, por sua vez, deve preparar a humanidade para a comunhão gloriosa e universal com Deus. Esse povo, com efeito, é chamado novo, e no ambiente do Vaticano II não deve ser visto de modo pejorativo.

Eleição indica um interlocutor do Mistério, mas não uma posse do mesmo. A eclesiologia assumida pelo Vaticano II entende muitos modos de participação no projeto de uma nova humanidade, entendido classicamente como Reino de Deus. Assim, constituem tal reino não somente os cristãos confessamente, mas também aquele que de algum modo acredita nos valores desse reino, como o amor, a justiça, a bondade, a busca da consciência reta, sendo estes outros cristãos, não cristãos ou não religiosos. Tais pessoas não confessam os valores cristãos por motivos históricos ou pessoais, mas vivenciam na vida tais valores e, assim, fazem parte do Reino de Deus.

Quanto aos cristãos, são aqueles que se identificam com a vida de Jesus Cristo e seu modo de viver, e assim desvelam a experiência de Deus como experiência de sentido. Esses mesmos, na medida em que desejam segui-Lo para além dos reducionismos herdados na história, são provocados pelo mesmo Mistério a alargar o coração e assimilar progressivamente os apelos do Evangelho de viver para amar, e sobretudo quem mais precisa, e assim são chamados a dilatar os valores humanos. Como diria Santo Agostinho, em relação ao seu papel eclesiástico e ao risco de ser visto com predileção para com os demais: "Atemoriza-me o que sou para vós; consola-me o que sou convosco. Pois para vós sou bispo, convosco sou cristão. Aquilo é um dever, isto uma graça. O primeiro é um perigo, o segundo, salvação" (Sermão 340,1).

O conceito de salvação é revisitado e deixa de assumir a ideia de "salvar a alma", deslocado para um sentido no pós-vida da escolástica decadente, e revisita sua intuição mais profunda de alma como um salvar a liberdade, e consequentemente, a história – pessoal e da sociedade – do egoísmo, da ganância, do fechamento em si e das formas modernas que questões assumiram após a Revolução Industrial, como, por exemplo, a produção da miséria. Salvação tem em seu substrato semântico a compreensão de comunhão, e a base para a comunhão é o serviço, e não a autoridade. Esta é dom para o serviço e é no serviço que todos são chamados a se unir como um só povo para realizar sua única missão do único Corpo, cada membro a seu modo: salvar a humanidade e ajudá-la a encontrar sua razão de ser. A *veritas* (verdade) do cristianismo não é uma definição, mas uma manifestação que se dá a conhecer na *caritas*, na crença na vida e na sua busca de resgatar a dignidade advindas da experiência de encontrar exatamente nessa fé um sentido mais profundo para a vida, ou seja, amar.

Para a *Lumen Gentium*, mesmo o ministério ordenado não é uma dignidade, mas um verdadeiro "serviço" dentro da variedade de ministérios que Cristo instituiu para o "bem de todo o Corpo".[5] Para tanto, à luz do episcopado, o presbiterato não deve partir do poder sacerdotal como "funcionário" e representante de uma teocracia, mas se resgata a natureza diaconal do ministro ordenado, diferente do sacerdócio dos saduceus da época de Jesus, em que prevalece a dimensão cultual-sacrifical. O ministro ordenado é chamado a ser *pregador*, *mistagogo* (conduzir ao Mistério) e *pastor* "para" o Povo de Deus.

---

[5] Ver "*Lumen Gentium*" (1964, 2000, nº 18; 21), e Antonio José Almeida, "Por uma Igreja ministerial" (Gonçalves & Bombonatto, 2005, pp. 334-366).

Os três múnus (pregar, guiar e servir) substituem o modelo medieval dos dois poderes (poder de ordem e de jurisdição).

O presbiterato, à luz da eclesiologia de comunhão da *Lumen Gentium*, procura libertar o presbítero do "individualismo" e recuperar sua dimensão comunitária. Este é chamado, em sua busca de santidade pessoal, a viver esta "comunhão" com seus irmãos de presbitério, numa "íntima fraternidade, que espontânea e livremente se manifesta (ou deve se manifestar) no mútuo auxílio, tanto espiritual como material; tanto pastoral como pessoal, em reuniões e comunhão de vida, trabalho e caridade".[6]

Interessante é que em consonância e dependência da eclesiologia da *Lumen Gentium*, a *Presbyterorum ordinis* apresenta "presbíteros" (no plural, *presbyteri*) 111 vezes contra apenas sete do singular "presbítero" (*presbyter*).

Para a eclesiologia conciliar, a Igreja é ícone da Trindade, e sua plenitude acontece na mística da comunhão, no abrir espaço para escuta e participação, na vivência comunitária de irmãos, sob a autoridade de Cristo, único Senhor, na igual dignidade do único Povo de Deus, para sanar as feridas de divisão, sabendo haver uma comunhão por meio do Espírito que opera nos cristãos, mesmo que ainda essa comunhão seja incompleta na perspectiva doutrinária, mas plena na busca de manifestar a dignidade humana, e por ela empenhar a

---

[6] *Ibid.*, nº 28.

vida[7] também com os que, de algum modo, não acolhem o Evangelho anunciado, mas sim o Evangelho silencioso que apela nos corações o Mistério de acreditar que a vida e a sociedade podem ser melhores e mais justas, e assim se ordenam por diversos modos ao Povo de Deus, pois o Criador "quer que todos os homens se salvem" (1 Tm 2,4), uma vez que o próprio ato da criação é em si um ato salvífico e, portanto, deseja que toda criatura chegue à comunhão por caminhos que só Ele conhece, de modo que a Divina Providência nunca abandona o ser humano.

Maria,[8] uma vocação ecumênica (52-68)

A perspectiva do Vaticano II, ao inaugurar uma virada antropológica, nos convida a pensar o Mistério a partir da condição humana, e assim Maria é vista como a primeira do gênero humano a participar do Mistério da Igreja, como caminho de assumir conscientemente uma vocação de viver a proposta do Evangelho. Nesse sentido, ela é o primeiro membro da Igreja de seu Filho, uma vez que fora a primeira da família humana a ser redimida (salva, restabelecida em comunhão). Não somente o primeiro membro, mas, em virtude dos méritos de seu Filho, é o protótipo da Igreja na ordem da fé, da caridade

---

[7] "*Lumen Gentium*" (1964, 2000, nº 15).
[8] Atualmente, em meio às "guerras santas" ainda não superadas, no gládio das doutrinas, temos maior lucidez para refletir sobre o papel de Maria no cristianismo, e sob esse enfoque é que pretendemos abordar.

e da perfeita união com Cristo. Constitui, assim, para nós, o modelo de Igreja. Como discípula de seu Filho, sobressai entre os humildes e pobres do Senhor. Aceita a graça e o plano de Deus em sua vida, consagrando-se como serva do Senhor, cooperando para a salvação humana (sua e de todo o gênero humano) com livre fé e obediência, ao contrário da incredulidade e desobediência figurada em Eva, torna-se a nova "mãe dos viventes". Em sua peregrinação terrena, suportou os sofrimentos da sua vida (Lc 2,41-51) de modo especial diante da cruz, onde manteve fielmente sua união com seu Filho. Também se mostrou sensível à dor alheia, intercedendo junto ao seu Filho (ver Jo 2,1-11) sem ocupar a centralidade do Mistério cristológico, pois "criatura alguma jamais pode ser colocada no mesmo plano com o Verbo encarnado e Redentor (por mais pura e santa que seja)". Nessa perspectiva se procura extrair dos temas dogmáticos o caminho existencial, digamos assim, percorrido por Maria. Sendo Maria, a Mãe de Jesus se evidencia por sua maternal caridade para com o Filho e sua terna solidariedade para com a pessoa humana. Evidencia-se não tanto a realeza, mas a grandiosidade da mulher que educa Jesus.

Ao apresentar Maria como *proto-tipo* da Igreja, Ela se torna ícone perfeito como primeiro membro da "Igreja peregrina", pois seguiu seu Filho, e, ao mesmo tempo, da "Igreja escatológica", como primeira a ser assuntada à comunhão trinitária (At 2,14); assim, desvela o sentido de comunhão total de vida. Maria é modelo para os consagrados por sua Virgindade/Consagração fiel e exclusiva a Deus e, ao mesmo tempo, é Mãe e Esposa por sua doação de vida. A sua dignidade não se encontra nem em um, nem em outro aspecto, mas no fato de ser discípula, resolvendo assim a questão da *Sacra Virginitas*, ou dos *Conselhos Evangélicos*, como meio preferível de santidade cristã em detrimento da vida leiga, ou mundana. Mentalidade essa que ficou muito forte, especialmente após uma interpretação equivocada do Concílio de Trento e da encíclica de Pio XII (*Sacra Virginitas*), a fim de valorizarem no mundo moderno a vida religiosa, contudo, tal esforço não raro acabou por ser apresentado como uma forma de *superioridade* "moral", por estarem afastados do mundo, em detrimento ao laicato que vive no mundo.[9]

O Concílio, ao apresentar Maria como *protoperegrina* e *protoescatológica*, dá aos dois estados de vida, consagrados e laicato, a mesma dignidade. Perfeição deve ser entendida do ponto de vista bíblico, *teléios, completo, total. Só* Deus é completo, é a comunhão perfeita, e buscar a perfeição é buscar o que falta para viver a comunhão. Assim, "perfeição" tem a ver com a "escatologia", a comunhão perfeita.

O Concílio coloca no devido lugar a "perfeição" dos consagrados, uma vez que não há privilégio moral para qual-

---

[9] A ideia dos *Conselhos Evangélicos* nasce da leitura de Mt 19,16-22, em que o jovem rico que queria ser "perfeito" é "aconselhado" por Jesus a vender suas coisas, viver a pobreza e seguir Jesus. Somado ao texto paulino de 1Cor 7,29-31, surge a prática de viver os votos da *castidade* (que coincide com a compreensão do celibato), da *pobreza* e da *obediência* (entendida em primeiro lugar àquele que chama e depois transferida para aquele que representa Cristo, o superior). Para maior aprofundamento, ver Gerken (1968).

quer que seja o estado cristão e Maria representa muito bem isso, sendo modelo de santidade para religiosas e mães, por exemplo. A "perfeição" da vida religiosa se dá em seu modo de viver desapegado do mundo – sinal da "Igreja escatológica" (unida perfeitamente à comunidade trinitária), pois, com efeito, "... vós (a Igreja) não sois do mundo" (Jó 15,19), mas nasce do coração da Trindade; todavia, é missão dessa mesma Igreja peregrinar "... por todo o mundo e anunciai o Evangelho" (Mt 28,19-20). Assim, a Igreja vive no mundo; essa é a razão de sua existência. A Igreja "escatológica", que transcende o mundo, também é "cósmica", isto é, vive no mundo e assume as realidades do mundo. Maria é o modelo ideal dessa dupla face da Igreja.[10]

ECOLOGIA E TEOLOGIA DO LAICATO

Há profundas aproximações e afinidades na trajetória desses dois movimentos históricos. Ambos emergem de uma

---

[10] A respeito da "Teoria de Rahner", este é um dilema iníquo, rejeitando a ideia de que alguém se aproxima mais de Deus quanto mais se aproxima das criaturas, compilado de vários escritos do referido autor, como "Die ignatianische Mystik der Weltfreudigkeit", em *Zeitschrift für Aszece und Mystik* (1937), pp.121-137; "Zur Theologie der Entsagung", em *Orientierung* (1953), pp. 252-255; *Passion und Aszese* (1953), sobre o caminho dos votos e da vida no mundo; "Die ewige Bedeutung der Menschheit Jesu für unser Gottesverhältnis", em *Geist und Leben* (1953), pp. 279-288. As ideias gerais de sua teoria mais tarde seriam retomadas no tomo III de seus *Schriften zur Theologie* (1960).

necessidade de novos paradigmas para uma realidade conturbada que adveio com a modernidade, especialmente por sua face mais sombria, a da exploração da pessoa humana e da natureza. A cultura da individualidade, com a substituição da mão de obra humana pelas novas tecnologias, geraram o individualismo, a preocupação exclusiva para consigo oriunda de uma necessidade de sobrevivência.

Tal comportamento não se restringiu à economia, mas afetou diversas esferas do cotidiano, como a insensibilidade social e ambiental, incapacidade da doação de si no relacionamento, a irresponsabilidade política, e acima de tudo o desrespeito ao direito da vida, marcante nos conflitos bélicos internacionais e na violência generalizada presente em todas as classes sociais.

A nova ecologia está atenta a esses desafios históricos e vem se organizando em vários modos para protestar e implantar políticas públicas atentas à responsabilidade ecológica. Em sua caminhada foi percebendo a "complexidade" que o tema envolvia e passou a ser um modo de vida.

O enfoque da nova teologia foi interlocutora da comunidade cristã e a cultura moderna, que foi cada vez mais se encarnando na realidade produzida pela sociedade moderna e seu processo de globalização. Após o Vaticano II, surgiram as teologias localizadas, que procuram aplicar o "espírito" do Concílio em suas respectivas realidades. Procurou-se viver cada vez mais a vontade do Pai (Reino de Deus) "assim na terra como no céu", e não só para o céu. Na América Latina, a Igreja compreendeu que o ser mais vulnerável desta crise ecológica era o "pobre" e se colocou ao lado dele, solidária no sofrimento com sua presença, conscientizadora com sua mensagem, alentadora com sua fé celebrada. Se houve falhas, foi por ser pioneira e não excluímos mesmo a possibilidade de eventuais exageros (que alguns se serviram diabolicamente para "simbolizar" toda a eclesiologia latino-americana), mas antes seus erros que a covardia da omissão.

Ela serviu para unir os pobres dispersos, para descobrirem a força dos fracos, na aliança de vida, na solidariedade como modo de vida cristã. Como diria a canção "Herminda de La Victoria", de Víctor Jara: "Las balas de los mandados mataron a la inocente, lloraban madres y hermanos, en el médio de la gente. Hermanos se hicieron todos, hermanos en la desgracia".[11]

Ademais ainda como fruto do Vaticano II, os movimentos eclesiais redescobrem na espiritualidade a contemplação por meio de uma experiência que passa a iluminar o Sentido da Vida no enfoque cristão, resgatando a ternura, a responsabilidade, a gratidão para com as pessoas ou famílias sendo restauradas e inseridas nesse processo. O mundo passa a ser visto com outro enfoque, a vida parece ganhar um sen-

---

[11] A canção é dedicada a uma menina chamada Herminda, do bairro População La Victoria, na periferia de Santiago do Chile, morta por uma bala perdida. O disco chamado *La Población* (1972) aborda o dia a dia sofrido do bairro.

tido de beleza até então inexistente, injetando no cotidiano, como diria o cantor, "a estranha mania de ter fé na vida".[12]

A nova ecologia e todas as escolas acadêmicas que a influenciaram e o Concílio Vaticano II com suas consequências eclesiais, parecem ser movidas pelo mesmo Espírito que insiste em unir a família humana. Contudo, há uma estranha miopia na leitura mútua desses dois locais. Não se verifica com tanta nitidez o mútuo reconhecimento desses distintos, porém complementares âmbitos da realidade, frutos de uma equivocada compreensão, decorrente de uma anacrônica visão. Críticas lançadas aos ecologistas do tipo "Tenho mais coisas para me preocupar do que plantar árvores ou salvar baleias" são lacônicas e superficiais. Do mesmo modo, a acusação de ecologistas de que as Igrejas históricas foram responsáveis pelo "início do desmatamento", e/ou foram "coniventes ao processo de produção explorador da pessoa e da natureza", e fazem disso motivo da não aproximação, no mínimo não é lúcida. Tais acusações para ambas as esferas, são fatos de um período da história ainda insipiente na consciência de sua missão. Contudo a sinceridade em lutar por aquilo que acreditavam levaram não poucas pessoas a superarem os limites históricos e ampliar o horizonte daquela missão que provocava o *cor inquietum* de cristãos e ecologistas. De modo especial a teologia do laicato que tem

---

[12] "Maria Maria", de 1976. Disponível em http://www.miltonnascimento.com.br/#/obra/ (acesso em 13-5-2012).

a sua vocação de santidade (busca de um sagrado desejo de humanidade) orientada para o "cosmo", isto é, é um dever de seu estado de vida, assumir as coisas deste mundo presente, ser responsável por ele, e não reproduzir em sua vida o modelo celibatário de religiosos e clérigos.

Não há por que insistir nessa diabólica separação entre movimento ecológico e cristianismo. E alguns exemplos históricos podem nos ajudar a fazer essa necessária aliança de consciências.

PAN-EN-TEÍSMO, REVERÊNCIA E FRATERNIDADE UNIVERSAL

Muitos foram os nomes que se deixaram conduzir pelo Espírito, Senhor da História, que aprofunda as consciências. Mas mesmo que procurássemos citá-los todos, estaríamos sendo ainda injustos com tantos anônimos que agiram com uma consciência alternativa ao modo como o progresso moderno foi inserido, de intelectuais a camponeses, de vários credos e de nenhum, mas todos conduzidos pelo Espírito (a própria consciência do cosmo) que disse e continua dizendo insistentemente sobre a necessidade da integração, da Aliança que vai tomando novas formas na epopeia humana. Limitaremos então a descrever resumidamente, três grandes expoentes, que não sofriam da miopia da qual somos vítimas coniventes, mas vislumbravam no mesmo horizonte ecologia e cristianismo, colaborando cada um a seu modo para nos convidar a ser testemunhas desse maravilhoso matrimônio.

Pierre Teilhard de Chardin (1881-1955)

Com efeito, este foi um dos mais brilhantes gênios do século XX. Filósofo, teólogo e paleontólogo. Nasceu em Sarcenat, na França, filho de um aristocrata rural interessado em geologia, área que dedicou-se desde a juventude, não interrompendo nem mesmo quando ingressou na Companhia de Jesus, em 1899. Depois do noviciado, ordenou-se em 1911, e preferiu servir nos campos de conflitos da Primeira Guerra Mundial como padioleiro e não como capelão, fato esse que por sua bravura, recebeu a Legião de Honra. Mais tarde passa a lecionar no Instituto Católico de Paris. Em 1923, realizou a primeira de suas numerosas expedições científicas à China, onde residiu durante a Segunda Guerra Mundial. Participou do descobrimento do *Sinanthropus pekinensis*,[13] e ainda incorporou importantes observações ao conhecimento da geologia e dos fósseis do pleistoceno na Ásia.

---
[13] "O homem de Pequim."

Seus estudos científicos o conduziram a uma profunda meditação sobre o problema da evolução, origem de sua obra mais importante, *Le Phénomène humain*,[14] concluída em 1940, mas só publicada postumamente, em 1955.

Para Chardin, o cosmo é dinâmico, isto é, o universo é uma grande evolução e tem seu ápice no ser humano. Tal evolução passa por "pontos críticos" nos quais dá-se um salto qualitativo. Por exemplo, da "cosmogênese" (surgimento do universo) chega-se à "biogênese" (surgimento da vida), e desta para a "antropogênese" (surgimento do ser humano). Esse salto evolutivo se dá pela lei da "complexificação-interiorização", ou seja, no momento limite do universo, ele seria impelido a uma "complexidade externa", desenvolvendo uma "interiorização", fato esse que gera a vida. O ápice dessa complexidade seria a interiorização mais complexa do universo, que é a "consciência humana", uma vez surgida, ainda de modo fragmentado, seria conduzida a uma Consciência Universal e Total, o Ponto Ômega, um momento conclusivo e de profunda comunhão com o universo.

As implicações morais e religiosas desse sistema foram desenvolvidas numa série de obras como *Le milieu divin*, 1958,[15] e *L'Avenir de L'homme*, de 1959,[16] em que a lei de

---

[14] "O fenômeno humano."
[15] "O meio divino."
[16] "O futuro do homem."

complexificação-interiorização é apresentada como a *lei de amorização*, ou seja, o universo seria regido e fundado pelo Amor, sua Consciência Universal, e a conclusão da história é uma conclusão universal do Amor. Assim esse amor que vem de Deus (Ponto Alfa), deixa sua marca em tudo o que existe no universo, se manifesta tomando consciência de si e do que lhe envolve e nos conduz envolventemente de volta a Deus (Ponto Ômega). Em Cristo se revelam a potência e criatividade do amor, seu Mistério, sua consciência e sua fragilidade e sua força, pois Ele é o Alfa e o Ômega desse Universo envolto em amor. Tal lei de amorização também é chamada por Chardin de *cristificação*, e, portanto, Cristo estaria presente em tudo e em todos, de modo especial revelando o Mistério do Amor na consciência humana. Por isso, toda vez que alguém é conduzido pelo nobre amor, é Cristo quem o conduz. Uma mãe nativa, que nunca tenha ouvido falar de Cristo, ao dedicar sua vida a seu filho, está em profunda sintonia com o cosmo e, portanto, em sintonia com Cristo. Sua encarnação é para iluminar os caminhos desse e provocar o último salto qualitativo, o derramamento da sua graça, a "energia"[17] que conduz e sustenta o universo, a interiorização que penetra todas as consciências, o Espírito Santo. Por isso Chardin via o mundo em seu *pan-en-teísmo*,

---

[17] O termo grego *energia*, não raro, é sinônimo do vocábulo latino *gratia*, na teologia ortodoxa (grega).

isto é, Deus está em tudo, e tudo merece respeito por sua vocação divina.[18]

Chardin foi um homem à frente de seu tempo, porém em vida nunca teve uma obra sua publicada (só circulavam exemplares mimeografados de sua obra). Foi publicado somente depois de sua morte e ainda numa gráfica "protestante". Ante a impossibilidade de publicar seus textos, Teilhard de Chardin regressou à França em 1946, depois se transferiu para os Estados Unidos, onde ingressou na Fundação Wenner-Gren, de Nova York, que patrocinou, nos últimos anos de sua vida, duas expedições científicas ao continente africano. Morreu em Nova York, em 10 de abril de 1955.

Albert Schweitzer (1875-1965)

Este grande homem, de 1,90 metro de altura (mas que não tem somente em sua estatura, a sua grandeza), nasceu em Kaysersberg, numa aldeia da Alsácia, antes Alemanha e hoje território francês. Filho mais velho de um pastor luterano, es-

---

[18] *Pan-en-teísmo* deve ser distinguido de *pan-teísmo*, em que tudo é Deus. Cosmo e Deus se confundem, o que pode gerar a indiferença para com a criação, pois o pobre é deus e o rico também é deus, tanto faz com o quem me ocupo, pois os dois são "deus". Interessante é notarmos a sociedade de castas na Índia e a relação com panteísmo da religião hindu. O panteísmo nega as diferenças, incluindo as sociais; o panenteísmo reconhece as diferenças e as assume, especialmente as diferenças sociais, uma vez que por serem reflexo do Mistério, exige-se o cuidado especial para que não seja profanada. Ver, para a questão, Boff (1995).

tudou filosofia, teologia e música, e se destacou em todas. Recebeu seu doutorado em filosofia numa tese sobre Kant na Universidade de Estrasburgo em 1899, ano em que foi nomeado vigário-assistente na Igreja de São Nicolau, onde, mais tarde, com 25 anos, tornar-se-ia pároco. Um ano depois se doutorou em teologia com a sua tese *Das Messianitäts-und Leidensgeheimnis*[19] e em 1902 exerceu a livre-docência na Faculdade de Teologia Protestante da Universidade de Estrasburgo. Em 1906, publica o livro *Geschichte der Leben Jesu-Forschung*,[20] apresenta para o cenário mundial da teologia.

Curiosamente, Schweitzer era uma criança doentia (na vida adulta adquiriu grande robustez) e um estudante medíocre, custando para aprender a ler e escrever. Diferente foi sua relação com a música, bastava ouvir a música para se compenetrar intimamente, ele sentia a música, mais que a ouvia. Aos cinco anos começou a aprender piano e aos nove já era organista oficial da Igreja em que seu pai era pastor, idade em que suas pernas mal alcançavam os pedais. Seu professor de órgão em Paris reconheceu nele um intérprete incomum de Bach e pediu-lhe um estudo sobre a vida e a obra do compositor, resultando assim em *Johann Sebastian Bach: le musicien-poète* em 1905, na qual via Bach como um místico e comparou sua música a forças cósmicas do mundo e da natureza. Tornou-se o maior intérprete de Bach na Europa.

---

[19] "O Mistério do messianismo e da paixão."
[20] "História das pesquisas da Vida de Jesus."

Há ainda um amor que envolve a vida desse grande homem, que Rubem Alves apresenta muito bem e iremos transcrever na íntegra:

> Sentimento amoroso idêntico lhe provocavam os animais. Ele relata que, mesmo antes de ir para a escola, lhe era incompreensível o fato de que as orações da noite que sua mãe orava com ele apenas os seres humanos fossem mencionados. Assim, quando minha mãe terminava as orações e me beijava, eu orava silenciosamente uma oração que compus para todas as criaturas vivas: "Oh, Pai, celeste, protege e abençoa todas as coisas que vivem; guarda-as do mal e faz com que elas repousem em paz". Ele conta de um incidente acontecido quando ele tinha sete ou oito anos de idade. Um amigo mais velho ensinou-o a fazer estilingues. Por pura brincadeira. Mas chegou um momento terrível. O amigo convidou-o a ir para o bosque matar alguns pássaros. Pequeno, sem jeito de dizer não, ele foi. Chegaram a uma árvore ainda sem folhas onde pássaros estavam cantando. Então o amigo parou, pôs uma pedra no estilingue e se preparou para o tiro. Aterrorizado ele não tinha coragem de fazer nada. Mas nesse momento os sinos da Igreja começaram a tocar, ele se encheu de coragem e espantou os pássaros. Seu amor pelas coisas vivas não era apenas amor pelos animais. Ele sabia que por vezes era preciso que coisas vivas fossem mortas para que outros vivessem. Por exemplo, para que as vacas vivessem, os fazendeiros tinham de cortar a relva florida com ceifadeiras. Mas ele sofria vendo que, tendo terminado o trabalho de cortar a relva, ao voltar para a casa, as suas ceifadeiras fossem esmagando flores, sem necessidade. Também as flores têm o direito de viver. Também não podia contemplar o sofrimento dos animais em cativeiro: "Detesto exibições de animais amestrados. Por quanto sofrimento

> aquelas pobres criaturas têm de passar a fim de dar uns poucos momentos de prazer a homens vazios de qualquer pensamento ou sentimento por eles". (Alves, s/d.)

Na trajetória grandiosa desse homem, havia um trecho do Evangelho que lhe inquietava: "A quem muito foi dado, muito lhe será pedido". E, aos 20 anos, ele fez um trato com Deus. Até os 30 anos, faria tudo o que lhe dava imenso prazer: dar concertos, palestras e aulas sobre literatura, filosofia e teologia; depois disso, iniciaria um caminho que só o seu coração conhecia.

Em 1905, começou a estudar medicina. Concluiu o curso com 38 anos e em 1913 doutorou-se na área. Ao iniciar seus estudos de medicina, anunciou que queria ser médico missionário, mais precisamente na aldeia de Lambaréné, situada no rio Ogowe, no Gabão, 64 quilômetros ao sul do equador, na África Equatorial Francesa. Fato esse que fez com que sua futura esposa, Hélène Bresslau, atuasse como enfermeira para acompanhá-lo e auxiliá-lo. Doutor em filosofia, teologia e música aos 26 anos, tudo para uma carreira brilhante, decide abandonar "tudo" para ser médico num "fim de mundo". Isso atormentava a muitos, que o questionavam: "Por que medicina?". E ainda: "Por que Lambaréné?". Respondia à primeira pergunta dizendo que estava cansado de palavras e queria ação. E, à segunda (respondia como se fosse algo evidente a todos), porque era um dos lugares mais inacessíveis e primitivos de toda a África, um dos mais perigosos, e porque lá não havia médico!

Lambaréné praticamente precisava ainda ser conquistada, uma floresta gigantesca, densamente povoada de animais hostis e rios infestados de crocodilos. Albert Schweitzer construiu seu hospital do nada, praticamente com as próprias mãos. Seus pacientes africanos nem sempre eram fáceis de cuidar, uma vez que eram atacados de todas as doenças, desde lepra até elefantíase. Certa vez, depois da morte de um paciente que chegou tarde demais ao hospital, Schweitzer caiu numa cadeira e lamentou: "Que imbecil eu fui de vir para cá tratar de selvagens como estes!", ao que um fiel intérprete e amigo africano respondeu: "É mesmo, doutor, aqui na terra o senhor é um grande imbecil, mas no céu, não" (Seleções do Reader's Digest, 1954, s/p.).

Albert Schweitzer abandonou a cátedra para ser carpinteiro, pedreiro, veterinário, construtor de barcos, dentista, desenhista, mecânico, farmacêutico, jardineiro e salvar milhares de vidas. Schweitzer sempre retornava a Europa para dar concertos e palestras e assim angariar fundos para a sua obra. Mas ele não queria somente salvar as vidas, pois sabia que era o pensamento que muda as pessoas, tinha um coração inquieto e se perguntava pelo princípio ético que o regia e poderia ajudar a mudar a vida das pessoas. Numa noite em que viajava com remadores para chegar a outra aldeia, teve um estalo, e surgiu em sua cabeça uma expressão: "Reverência pela vida". Tudo o que é vivo deseja viver e tem o direito de viver. Nenhum sofrimento pode ser imposto sobre as coisas vivas, para satisfazer o desejo dos seres humanos. Depois de ser preso como estrangeiro inimigo (alemão) e levado para a França como prisioneiro de guerra, durante a Primeira Guerra Mundial, dedicou-se mais às questões internacionais e publicou seu livro em 1923, *Kulturphilosophie*, no qual apresenta sua filosofia de "reverência pela vida" como um princípio ético em relação a todas as coisas vivas, considerado por ele como essencial para a sobrevivência da civilização, pois

> só o cego intelectual, o imediatista, não se maravilha diante desta multiesplendorosa sinfonia, não se dá conta de que toda agressão a ela é uma agressão a nós mesmos, pois dela somos apenas parte. A contemplação do inimaginavelmente longo espaço de tempo que foi necessário para a elaboração da partitura e o que resta de tempo pela frente para um desdobramento ainda maior do espetáculo até que se apague o Sol só pode levar ao êxtase e à humildade. (Lutzenberger, 1970, p. 85)

Albert Schweitzer recebe em 1952 o Prêmio Nobel da Paz por sua "reverência pela vida", não só por sua filosofia, mas porque a perseguiu por toda a sua vida. Mais tarde, voltaria a repetir:

> Uma ética que nos obrigue somente a preocupar-nos com os homens e a sociedade não pode ter esta significação. Somente aquela que é universal e nos obriga a cuidar de todos os seres nos põe de verdade em contato com o Universo e a vontade nele manifestada. (Schweitzer, 1964, pp. 165-182)

Il Poverelo (1181-1226)

Os dois exemplos citados anteriormente nos tiram o fôlego, dois grandes homens que monumentalmente souberam responder ao desafio da modernidade, levando para isso o trabalho de uma vida inteira. Ficamos a nos perguntar se precisamos compreender profundamente a teologia e a filosofia moderna para nos responsabilizarmos pelo mundo? E como despertar tal sentido significativo, de complexidade e reverência, numa abrangente relação ética, para as pessoas mais simples? Como despertar a consciência ecológica sem que para isso tenhamos que transformar as pessoas em outros Lutzenbergers, Chardins, Schweitzers...?

Mas há alguém que o Espírito suscitou para nos ajudar a integrar toda a riqueza produzida pelas mentes geniais que não viram diferença entre ecologia e cristianismo. Alguém que nasce com as raízes da modernidade que remontam ao século XIII,[21] da mesma modernidade que viria a explorar o ser humano e seu mundo, o *pobrezinho* de Assis, Francesco di Bernardone. É significativo e providencial que Francisco nasça exatamente onde são lançadas as bases da sociedade moderna, pois Francisco consegue em sua simplicidade intuir tudo o que a reflexão de séculos posteriores iria produzir.

---

[21] Conforme o conceituado Pe. Henrique de Lima Vaz, a modernidade tem suas raízes no século XIII, onde a sociedade medieval atinge seu clímax e inicia seu declínio (Lima Vaz, 2002).

Francisco mesmo relutou para que os irmãos estudassem e, quando assim consentiu, exortou a Santo Antônio que eles não perdessem o espírito da santa oração e da devoção. Aí estava a fonte da intuição profunda de Francisco, da sua relação com o Mistério de Deus e seu desejo de amar o próximo. Ele consegue sentir toda a complexidade da criação.

Mas há ainda um sentido significativo no "pobre de Assis", que é exatamente a Pobreza. Esta não deve ser confundida com a miséria, com as necessidades básicas às quais dedicou a vida para sanar o sofrimento dos famintos e doentes. Mas aqui falamos da *Dama Pobreza*, à qual reza o santo: "Senhora Santa Pobreza, o senhor te guarde por tua santa irmã, a Humildade" (Escritos e biografias de São Francisco de Assis, 1997, p. 166). A pobreza aqui é a que enriquece a alma, que desapega das coisas e gera um profundo sentimento de humildade à medida que não se sente senhor e nem dono de nada. Isso é que permite que Francisco se sinta irmão de tudo e de todos, pois só há um Senhor, Jesus Cristo.

Por isso esse pobre de Assis não podia enxergar as árvores como aqueles "técnicos incompetentes", mesmo que não tivesse todo o conhecimento dendrocirúrgico de Lutzenberger. No entanto, Francisco era irmão das árvores, o que bastava para respeitá-las e cuidá-las, porque eram criaturas de seu Senhor. Mas não era só isso: esse santo, "patrono dos ecologistas", sabia perceber quem eram os seres mais prejudicados no mundo, os pobres, e a eles dedicou a sua vida, tratando-os com dignidade fraterna. Mas tal comprometimento lhe advinha do amor, amor indistinto que procurava amar a todos e a tudo, e não só os pobres e em qualquer momento, porque o amor de Deus deveria transbordar no coração dos irmãos e assim não amariam por conveniência, mas por consciência: "Bem-aventurado o servo que ama o confrade enfermo, que não lhe pode ser útil, tanto como ao que tem saúde e está em condições de prestar serviços. Bem-aventurado o servo que tanto ama e respeita o seu confrade quando está longe como se estivesse perto nem diz na ausência dele coisa alguma que não possa dizer na sua presença sem lhe faltar com a caridade" (*Ibid.*, p. 69).

Francisco talvez nunca entendesse a teoria de complexificação-interiorização, tampouco entrasse num debate acadêmico de bioética, mas era capaz de viver intensamente o que inquietava os grandes pensadores dos séculos vindouros, porque experimentou o fundamento do cosmo que constituía o Mistério mais profundo de todo ser vivo, o amor de Deus. Experiência que de algum modo também atingiu Chardin e Schweitzer e continua a atingir todos os que de algum modo se sentem solidários pela vida e todas as suas formas. Com efeito, a originalidade de Chardin e Schweitzer não se encontra em última análise no labor intelectual, mas no profundo sentimento de solidariedade que tiveram para com a vida e a vida mais ameaçada. Chardin serviu nos campos de guerra, Schweitzer serviu nativos em situações precárias na África do

Sul. Ambos não fizeram somente teologia para academia, mas para a vida.

Antes de pensarmos como Chardin e Schweitzer, devemos nos sentir profundamente fraternos em relação a tudo o que vive, como Francisco, e para tanto é necessário cultivarmos a única virtude que pode nos permitir crescer na consciência ecológica, a humildade de nos reconhecermos como mais um ser no único organismo vivo que é a Terra, e mais saber reconhecer a responsabilidade que temos para com o cosmo.

CONCLUSÃO
A ECOLOGIA: SENTIDO DE CASA

> (Sancho) ¿No ve que aquéllas son molinas que
> están en el rio, donde se muele el trigo?...
> ... comenzó (entonce) a amenazar a los molineros, diciendo:
> Canalla malvada, dejad en libertad a la persona que está en
> vuestra fortaleza, que yo soy Don Quijote de la Mancha.[22]
>
> *Miguel de Cervantes Saavedra, Dom Quixote*

Estamos num mundo que mudou muito em muito pouco tempo, e suas mudanças o distanciam sensivelmente do que era no início do século XX, que não é somente uma mudança meramente conjuntural, mas constitui o cerne da crise da sociedade ocidental tradicional e, consequentemente, de suas instituições, incluindo a religião. Confusos com a realidade, corremos o risco de, em nosso espírito protagonista, de cristãos comprometidos e ambientalistas engajados, não atingir as raízes estruturais daquilo que combatemos e, perdidos no combate, podemos até mesmo nos ferir mutuamente. A lucidez é extremamente necessária nesse momento histó-

---

[22] "(Sancho) Não vê que aqueles são moinhos de água que estão no rio, onde se mói o trigo? [...] Começou então a ameaçar os moleiros, dizendo: "Canalhas malvados, libertem a pessoa que está em vossa fortaleza, que eu sou Dom Quixote de la Mancha."

rico de defesa da vida. Pois, se há um valor nesse momento, dito "pós-moderno" por alguns, é que a vida vale mais que as ideias. Por essas nossos pais estavam dispostos a morrer e morreram, e isso não impediu que nós também morrêssemos. Contudo, o afã da vida não raro se perde em meio a tantas opções, que acabam também por eliminar a vida, por falta de sobriedade. Não podemos nos dar ao luxo de nos fecharmos a certas possibilidades de diálogo, fadando-nos a utópicas miopias que não atingem o cerne da questão. Sob risco de extinção progressiva, sem prever ao certo os danos causados à saúde existencial e planetária, não podemos atacar "moinhos de vento" para aliviar nossa consciência de que estamos fazendo algo. Teologia e ecologia precisarão assumir o papel do sensato Sancho quando a sociedade resolver desembainhar suas espadas, a fim de que não desista de um grande ideal, por ter a capacidade de perceber somente o que sua retina oferece, o verde mais presente. É necessário transcender!

Seja para as mentes mais exigentes, seja para os espíritos mais simples, a consciência ecológica é uma necessidade para o mundo moderno. *Eco* (oicós), do grego, significa casa, e *logos*, aqui para nós, como já vimos, é o Sentido da Vida. Mas, para a teologia, Cristo é o *logos* preexistente que habita em todo o espírito finito. Como diria o Evangelho de João, é o "Logos que se fez carne e armou sua tenda entre nós" (Jo 1,14). Essa tenda pode muito bem para nós hoje ser entendida como o planeta Terra, a criação, o cosmo onde o Amor

Trinitário fez morada, onde as estacas que mantêm essa Tenda em pé estão fincadas na Esperança de que o mal não é a palavra final da história e que, portanto, devemos cuidar da casa (*oicos*) onde moramos, conscientizar todos os moradores e, de modo especial para a teologia do laicato, despertar para a experiência de Deus. Experiência essa de sentido que insere a criatura no âmago do Criador, fazendo com que passe a ver o mundo com os olhos de Francisco, de Chardin, de Schweitzer e de tantos outros anônimos que se comprometem com a vida e com a Consciência Cósmica à qual chamamos Deus, a Comunidade de Amor primeira e última que conhece e acolhe tão bem.

Para a mitologia grega, Gaia (Terra) nasce logo depois do Caos e possui o segredo dos decretos do Destino. Não deveríamos escutar essa "semente da verdade" e nos dedicarmos ao novo milênio, depois de momentos caóticos da história como as guerras mundiais e a violência de todas as formas que o predomínio econômico sobre as políticas nacionais e internacionais impôs à vida humana? Planeta e gênero humano se descobriram solidários quando a mentalidade moderna criou a ganância autossuicida, que só enxerga o horizonte de interesses muito particulares, e para alcançá-los não mediu esforços.

Não se esconderia em Gaia o caminho de um novo "destino" para a humanidade? Novas experiências humanizantes, novos costumes decorrentes de novos níveis de consciência a fim de autorregular e *transvalorar* o mundo moderno, até então extremamente interessante e paradoxalmente cruel para com ele mesmo? Já os gregos organizavam a pólis a partir de sua percepção do cosmo. Não falamos de substituir os valores, as tradições, a história, mas de ampliar os horizontes da consciência, percebendo a profunda ligação que deve haver entre toda a natureza. Reconhecer no diferente o seu pleno direito de ser, é o que pode nos permitir refazer, não sem paciência histórica, a interação do gênero humano, o diálogo entre público e privado, a compenetração entre sagrado e profano, a real globalização na aproximação e admiração das diferentes culturas e suas capacidades inerentes de embelezar o mundo, num processo de mútuo reconhecimento e respeito a partir do momento que nos reconhecermos plenamente iguais, porque somos filhos da mesma família, moradores da mesma casa, membros do mesmo corpo, Gaia para a nova ecologia, o Cristo cósmico para a teologia, a mesma e única realidade do Mistério de Comunhão para toda forma de vida.

PROJETOS DE VIDA PARA A VIDA

Uma teologia que se preze não se contenta em ficar na academia, mas quer incidir sobre a vida, a fim de na vida refletir e da vida perceber seus desafios à reflexão. O ambiente de novos ares do Concílio Vaticano II deu alguns frutos à

Igreja contemporânea, como os movimentos e as pastorais, âmbitos privilegiados para a teologia do laicato, para o Povo de Deus que quer dizer alguma coisa significativa e profunda do Mistério e da mensagem da pessoa de Cristo, bem como o Conselho Episcopal Latino-americano (Celam).

CNBB

Sendo pioneira, a Igreja no Brasil funda, em 1952, a Conferência Nacional dos Bispos do Brasil (CNBB), tendo para isso duas pessoas desempenhado papel fundamental: monsenhor Hélder Câmara (mais tarde nomeado bispo) e monsenhor Montini (mais tarde eleito papa Paulo VI), amigo de Dom Hélder. Além das iniciativas já desenvolvidas pelos bispos para viabilizar e efetivar o exercício do afeto colegial e de certa articulação de ação, ainda era tímida a influência da Igreja num momento político de profundas reviravoltas (o populismo e o suicídio de Getúlio Vargas, os 50 anos em 5 de Juscelino Kubitschek, o clamor popular pelas reformas de base, a tensão nordestina em torno do problema da terra...), necessitando assim que se estabelecessem estruturas adequadas de coordenação, com competência também jurídica.

A estrutura criada pela CNBB, apesar de num primeiro momento não ser tão homogênea, é o que permitiu a Igreja no Brasil passar pelos anos 1960, 1970 e 1980 como uma voz profética de denúncia e de protesto, denunciando a tortura a presos políticos, pronunciando cada vez mais incisivamente a respeito dos direitos humanos que eram violados, colocando-se em solidariedade aos trabalhadores e àqueles que passam fome e são vítimas de injustiça. Mesmo sofrendo perseguições e não raro graves violências, foi uma das raras vozes – e talvez a mais forte – que não se calou diante das barbaridades do regime militar. Em nível nacional, a CNBB editou uma série enorme de textos extremamente condenatórios e proféticos. Soube valorizar e aproveitar do papel dos leigos na Ação Católica e, depois, na Ação Católica Especializada, com os movimentos dedicados a evangelizar os próprios meios: a Juventude Agrária Católica (JAC), a Juventude Estudantil Católica (JEC), a Juventude Independente Católica (JIC), a Juventude Operária Católica (JOC), a Juventude Universitária Católica (JUC). Articulou o trabalho das dioceses com o lançamento do Plano de Pastoral de Conjunto. Assim surgiu também a Campanha da Fraternidade. Em suma, alguém já disse que a Igreja no Brasil deixou de ser uma Igreja reflexo para ser uma Igreja fonte.[23]

---

[23] Essa "fontalização" da Igreja latino-americana se deu no espírito de colegialidade com a Igreja universal. A especial solicitude de João XXIII para com a Igreja latino-americana e, mais tarde, Paulo VI com semelhante atitude, colaboraram para a revisão, a dinamização e a articulação da pastoral mediante a necessidade de responder aos desafios do momento histórico. O primeiro apelo foi feito no discurso pronunciado durante a terceira reunião anual do Conselho Episcopal Latino-americano (Celam), em 1958, onde, após chamar a atenção para a situação do catolicismo no continente e

Com efeito, a CNBB é um ótimo instrumento de articulação social, que obviamente também sofre do processo de desvalorização institucional inerente ao momento histórico. Contudo, ainda exerce uma força vetorial de coesão social, de modo especial com as Campanhas da Fraternidade,[24] e vale destacar a de 2007, Fraternidade e Amazônia – Vida e Missão neste Chão.

Às vezes, ouço as pessoas falarem, aqui no Sudeste: "Por que fazer uma Campanha da Fraternidade sobre a Amazônia quando a gente tem tantos problemas, como a família por exemplo?". Ou ainda: "As CFs deveriam ser mais regionalizadas, para cada região tratar dos seus problemas...". Tais questões ainda não penetraram no espírito da coisa. A virtude da CF é exatamente a de "expor" as mazelas sociais de áreas praticamente esquecidas do resto da população, em condições

---

de enfatizar a sua solicitude por essas nações, o papa convidou os pastores a lançarem mão de todos os meios para uma decidida e renovada ação evangelizadora, destacando para isso quatro meios: 1) clara visão da realidade, 2) um plano de ação que, partindo da realidade, permitisse articular e somar forças e iniciativas, 3) uma corajosa aplicação do plano e 4) uma colaboração efetiva das igrejas entre si e de todos aqueles que estivessem dispostos a ajudar a América Latina. Num segundo momento, em 1961, o pontífice pede uma ampla mobilização e elaboração imediata de um plano de ação que desse ênfase a "evangelização e catequese, liturgia e vida sacramental, valorização apostólica de religiosos e leigos, vocações sacerdotais e religiosas, ação social em favor da justiça e caridade" (Freitas, 1997, pp. 78-81).

[24] Não raro, a Campanha da Fraternidade visa atingir diretamente as causas ambientalistas. Em 2002, versou sobre Fraternidade e Povos Indígenas – Por uma Terra sem Males; em 2004, o tema foi Fraternidade e Água – Água, Fonte de Vida, o que não exclui a abordagem de causas ambientais nos outros enfoques.

muito mais precárias que as nossas, a fim de não só expor como também de "propor" uma "fraternidade" concreta do país. Que paulistano iria se preocupar em ajudar a Amazônia ou os povos indígenas, tendo "tantos" problemas no centro urbano a serem resolvidos? A fraternidade é exatamente se solidarizar com o outro que sofre, em especial o que sofre mais que eu, mesmo com meus problemas, pois esses sempre os teremos. Nenhum organismo social tem o peso de mobilização da sociedade para questões aparentemente tão adversas do imaginário social da cultura urbana. Por mais precária que possa parecer a estrutura da Campanha da Fraternidade, ela oferece todos os elementos para a experiência e construção de uma "fraternologia" (Prates, 2007). Valem as palavras de Bento XVI que confirmam a importância e a função de responsabilidade social que as CFs têm:

> Desejo mais uma vez aderir à Campanha da Fraternidade que, neste ano de 2007, está subordinada ao tema Fraternidade e Amazônia e ao lema Vida e Missão neste Chão. É um tempo em que cada cristão é convidado a refletir de modo particular sobre as várias situações sociais do povo brasileiro que requerem maior fraternidade. A proposta para este ano destina-se a promover a fraternidade efetiva com as populações amazônicas, defendendo e promovendo a vida que se manifesta com tanta exuberância na Amazônia. Por sua vez, esta mesma preocupação se insere no amplo tema da defesa do meio ambiente, para o qual este vasto território constitui um patrimônio comum que, por sua realidade humana, sociopolítica, econômica e ambiental, requer especial atenção da Igreja e da sociedade brasileira. (Bento XVI, 2007, s/p.)

Pastoral ecológica

Um dos resultados concretos das CFs consiste na efetivação de projetos e/ou organizações de atuação específicas, como foi o caso da criação da Pastoral Ecológica, por ocasião da CF 2004 (Fraternidade e Água), também conhecida como Pastoral do Meio Ambiente, em que, por meio de uma reflexão que bebe da Sagrada Escritura, do sentido e da beleza da Criação vista como obra de Deus, sente-se responsável pela conscientização da população e pela cobrança das autoridades nos deveres para com o meio ambiente e implantação de políticas públicas.

O programa da Pastoral visa primeiramente conscientizar as comunidades católicas, mas não se restringe a isso: intenta uma parceria com organizações não governamentais (ONGs) e órgãos públicos, como as secretarias de Meio Ambiente. Sua preocupação, além de prática, educacional e política, está alinhada à natureza mística de ordem espiritual e humana, que se interpenetram. Seus compromissos de conscientização e prática[25] baseiam-se em valores essenciais, tra-

---

[25] 1) Economizar água em casa: tomar banhos mais rápidos; não deixar a torneira aberta ao escovar os dentes ou barbear-se; não usar o vaso sanitário como cinzeiro ou lixeira; não lavar calçadas com jato d'água, mas com vassoura; não deixar a mangueira aberta enquanto esfrega o chão com a vassoura. 2) Não impermeabilizar o solo: não cimentar todo o quintal. As garagens e quintais podem ser intercaladas com lajotas, separadas com grama e plantas. Sempre é possível aliviar a carga de cimento de parte do quintal. Lutar para que os estacionamentos e os espaços públicos

duzindo-os para a questão ambiental, que foram sintetizados pelo Conselho Pontifício de Justiça e Paz em 8 de novembro de 2005, conhecido como "Decálogo católico" sobre ética e meio ambiente:

---

de supermercados, rodoviárias, igrejas, etc. não sejam completamente cimentados. 3) Plantar árvores: em frente das casas, nos quintais, nas calçadas, nos parques, nos jardins, nas avenidas; exigir do poder público o plantio de árvores na cidade; ajudar o poder público a coibir a ação de grileiros e seus loteamentos em mananciais, matas e áreas de risco; combater o desmatamento no campo. 4) Encaminhar devidamente o lixo: nunca jogar lixo na rua, na calçada, nos jardins, nos parques, campos, etc. – procurar o cesto mais próximo ou guardá-lo na bolsa até encontrar o lugar adequado; fazer a coleta seletiva, isto é, nunca misturar o lixo orgânico (restos de comida, terra, plantas) com o que não é orgânico (latinhas, vidro, plástico, garrafas em geral); o material não orgânico pode ser encaminhado para as cooperativas de reciclagem ou para os catadores com suas carrocinhas; latas, plásticos, vidros, papéis podem ser utilizados para artesanato. 5) Defender a água, salvando as nascentes e os rios: desenvolver na população uma cultura de maior respeito pela água e de melhor administração do patrimônio hídrico do planeta; "Preservar ou replantar as matas ciliares, isto é, as matas que margeiam os rios, lagos e nascentes. Essa vegetação evita a demasiada evaporação das águas da chuva, fazendo com que as águas penetrem no solo e cheguem aos lençóis freáticos, de onde brotarão as nascentes e fontes que formam os rios" (Hummes, 2004, s/p.). Recuperar rios, formando matas ciliares, conservando as matas no topo dos morros, mantendo a cobertura vegetal adequada ao relevo, fazendo práticas de conservação de solo exigidas; tratando o esgoto doméstico e os esgotos industriais; depositando o lixo em lugares apropriados; exigir dos órgãos competentes a recuperação das áreas devastadas; ter a atitude para com a água de não poluir, não desperdiçar, não privatizar; 6) lutar pela preservação: da mata atlântica, dentro e em volta da cidade de São Paulo; das represas Billings e Guarapiranga (Zona Sul); da Serra da Cantareira (Zona Norte); 7) lutar pela implantação de centros de educação ambiental e, por meio deles, conhecer os CEAs que já existem e lutar por outros; educar as crianças e os jovens para o amor à natureza e o cuidado com o ecossistema; promover atividades concretas em que as crianças, os jovens e a comunidade se envolvam em ações de preservação: passeios ciclísticos, limpeza de praças e avenidas, coleta de material reciclável.

1) A Bíblia tem de ditar os princípios morais fundamentais do desígnio de Deus sobre a relação entre homem e criação.
2) É necessário desenvolver uma consciência ecológica de responsabilidade pela criação e pela humanidade.
3) A questão do meio ambiente envolve todo o planeta, pois é um bem coletivo.
4) É necessário confirmar a primazia da ética e dos direitos do homem sobre a técnica.
5) A natureza não deve ser considerada uma realidade em si mesma divina, portanto, não fica subtraída à ação humana.
6) Os bens da terra foram criados por Deus para o bem de todos. É necessário sublinhar o destino universal dos bens.
7) Requer-se colaborar no desenvolvimento ordenado das regiões mais pobres.
8) A colaboração internacional, o direito ao desenvolvimento, ao meio ambiente sadio e à paz devem ser considerados nas diferentes legislações.
9) É necessário adotar novos estilos de vida mais sóbrios.
10) Deve-se oferecer uma resposta espiritual, que não é a da adoração da natureza. (Decálogo católico, 2005)

E AGORA, JOSÉ?

Assim se encerra o livro do homem que idealizou esta série sobre o meio ambiente (Coimbra, 2002), obra de referência para integrar a práxis ambientalista, a reflexão humana e o senso poético do cosmo, e me fez o nobre convite de minha incipiente e pequena participação em colaborar com esse momento da história. E agora, o que fazer?

Não pretendi aqui fazer nada muito acadêmico, nem muito documentado, tampouco quis partir para um gênero operacional de escrita do tipo "Como se tornar ambientalista em dez lições". A formação da consciência é um processo para a vida toda, e nenhum livro dispensa a busca pessoal de superar os próprios limites, por melhor que eles possam vir a ser. A preocupação estava em refletir como o momento histórico, difícil de ser percebido, afeta a todos e veio se instalando não de uma hora para outra, mas a lentos passos de outrora, e, portanto, qualquer mudança deve estar predisposta a reler as raízes de nosso tempo e ter a paciência de reconstruir as bases da cultura.

Entendo, então, que tanto para a ecologia como para a teologia, a necessidade de valorizar o meio ambiente como "nosso" (meio) ambiente deve perpassar o mais íntimo do humano, constituindo um sentido para a vida, pois só assim é que a vida é tida como valiosa e digna de ser vivida em profundidade, com reverência e responsabilidade. Fé e razão não são inimigas na luta pela vida, antes mesmo a fé, outrora rejeitada pela razão, vem agora devotar-lhe confiança, acreditando na capacidade humana de se pôr a serviço da vida de modo inteligente. A teologia deve *ex-culturar* da ecologia sua oportuna e nova consciência, bem como auxiliar na *in-culturação* de seus antigos e prementes valores, de modo a continuar a incidir seu caráter valioso para a vida. Nesse processo, pretendi dar espaço não somente à reflexão mas também ao testemunho de um encontro contemporâneo, profundo e transformador com a fonte de Mistério para toda a vida, tal como fizeram Chardin e Schweitzer no desejo sincero de oferecer o bem mais precioso da teologia, o amor de Deus por nós, que sustenta toda a vida.

Quando a história reluta em ser mudada, compete ao ser humano salvaguardar as experiências seminais que faz em seu tempo e transmiti-las a novas gerações, a fim de aguardar o momento oportuno de eclodirem, e não raro Deus é a chama viva que não permite esfriar a esperança na frieza dos tempos. Desejo que o leitor entenda que a menção à confissão cristã da fé visa apresentar o ponto de partida da reflexão com os pressupostos teórico-práxicos herdados desde o berço e que acompanharam minha juventude no horizonte da mística do amor, da convivência pacífica e fraterna entre outras confissões cristãs e do compromisso com a sociedade e que compõem o *ethos* no qual se desdobra o labor investigativo da pesquisa teológica. O que aqui intento é que nos conheçamos para instituir a amizade entre os diferentes em prol da vida que nos é comum. Muitas vezes, aprendi a ser mais católico com meus amigos protestantes, ateus, budistas, porque todos queríamos ser mais humanos. Em um trabalho muito oportuno de Jeremy Rifkin, fica evidenciado o modo como a história do nosso processo civilizatório enfatizou a divisão entre agrupamentos humanos como motor de desenvolvimento. Contudo, Rifkin dá visibilidade ao fato de que a luta entre agrupamentos é precedida pela capacidade humana de se agrupar, caminhando também por um princípio de empatia que se institui em formas sociais concretas como a organização tribal, a organização a partir de cosmovisões religiosas, as divisões territoriais das modernas nacionalidades, chegando a um momento em que a tecnologia da informação permite romper os limites fictícios de inúmeras naturezas, tornando possível a interação de inúmeras culturas e não somente identificar as diferenças como também fomentar a percepção de elementos hipodigmáticos[26] como elementos comuns à espécie humana. Ou seja, apesar das diferenças culturais, somos unidos pelo fato de sermos seres humanos, de sermos sensíveis à justiça, ao respeito pela alteridade, de fomentarmos relações mais profundas, o que permite pensarmos em uma *era de empatia* tendo por referencial a condição humana que interage na biosfera comum, exigindo uma cultura de cuidado para instituir uma *civilização empática* (Rifkin, 2009). Eis a motivação ao convite oferecido neste trabalho transdisciplinar entre pontes de duas esferas afins, o meio ambiente e a teologia.

Ademais, a teologia entende que, enquanto houver esperança, há vida, e a ecologia entende que, enquanto hou-

---

[26] Sobre hipodigma, ver Villas Boas (2011, p. 15), e "A proposta de uma teopatodiceia como pensamento poético-teológico", em *Ciberteologia: Revista de Teologia e Cultura*, nº 36, Ano VII, out.-nov.-dez. de 2011, p. 52.

ver vida, há esperança; ambas, portanto, devem estar juntas a serviço da vida e da esperança. Deve-se dizer ainda que o cuidado com o meio ambiente, numa sociedade individualista e relativista, só terá chance de enraizar as sementes de uma nova sociedade se for integrado a uma educação de valores essenciais, que persistem na história como "universais de sentido", ou seja, ajudam-nos a avançar nos séculos na busca de sermos mais humanos e, assim, percebermos que cuidar do lugar onde vivemos é profundamente humano.

Gostaria de encerrar com as frases de duas pessoas importantes. A primeira é de Paulo Prochaska, que foi meu aluno de eclesiologia, com mais de 70 anos, homem de fé lúcida, a vida inteira se interessou pela teologia e somente há pouco tempo pôde realizar seu sonho. Trabalhou por doze anos nos complexos da Amazônia, onde atuou como membro ativo das Comunidades Eclesiais de Base (CEBs) e foi ponto de referência para muitos. "Seu Paulo", como gosto de chamá-lo, testemunhou grandes barbaridades do desmatamento e de desrespeito às populações nativas, fruto de falta de consciência das consequências do progresso ilimitado. Certo dia, ele disse, daquilo que guardou em sua experiência de vida cristã: "As culturas não mudam com os anos, mas com as gerações". Ao ouvir isso, senti o peso da responsabilidade com a história, da insistência em plantar hoje para que nossos filhos colham amanhã. É necessário lutar não somente quando a vitória se apresente favorável, mas pelo compromisso com a história que carregamos em nós mesmos, pela reverência ao cosmo ao qual pertencemos, pela fraternidade e pela responsabilidade a tudo o que existe, movido pela paixão pela vida. Quem não tem algo pelo qual morrer não serve para viver. O outro nome é aquele cujas palavras tomamos emprestadas para iniciar nossa conversa e que não deve ser esquecido para a continuação de nossa marcha:

> A verdadeira, a mais profunda espiritualidade consiste em sentir-nos parte integrante deste maravilhoso e misterioso processo que caracteriza Gaia nosso planeta vivo: a fantástica sinfonia da evolução orgânica que nos deu origem junto com milhões de outras espécies. É sentir-nos responsáveis pela sua continuação e desdobramento. (Lutzenberger, 1970, s/p.)

BIBLIOGRAFIA[1]

PARA CONTINUAR A CONVERSA

AGOSTINHO. *Confissões*. Porto: Livraria Apostolado da Imprensa, 1984.

ALVES, Rubem. "Albert Schweitzer". Disponível em http://www.rubemalves.com.br/AlbertSchweitzer.htm (acesso em 16-5-2012).

ANDRADE, Carlos Drummond de. *Poesia completa*. Rio de Janeiro: Nova Aguilar, 2006.

ARISTÓTELES. Poética/Peri Poihtikhs. São Paulo: Ars Poetica, 1993.

BAUMAN, Zygmunt. *Globalização: as consequências humanas*. Rio de Janeiro: Jorge Zahar, 1999.

_____. *O mal-estar da pós-modernidade*. Rio de Janeiro: Jorge Zahar, 1998.

_____. *Vidas desperdiçadas*. Rio de Janeiro: Jorge Zahar, 2005.

BENTO XVI. *Carta encíclica* Deus caritas est. São Paulo: Paulus/Loyola, 2006.

_____. *Mensagem do papa para a abertura da Campanha da Fraternidade*. Disponível em http://www.cnbb.org.br (acesso em 16-1-2007).

---

[1] Esta Bibliografia está dividida em duas seções: uma para quem pretende continuar pesquisando sobre ecologia e teologia, e outra destinada estritamente à teologia, para informar fontes desta obra.

BERRY, Thomas. *O sonho da terra*. Petrópolis: Vozes, 1991.

BOFF, Leonardo. *Ecologia: grito da terra, grito dos pobres*. São Paulo: Ática, 1995.

_____. *Ecologia, mundialização, espiritualidade: a emergência de um novo paradigma*. São Paulo: Ática, 1996.

_____. *Experimentar Deus: a transparência de todas as coisas*. Campinas: Verus, 2002.

_____. *Saber cuidar: ética do humano, compaixão pela terra*. 6ª ed. Petrópolis: Vozes, 2000.

CASTRO, D. S. P. (org). *Fenomenologia e análise do existir*. São Paulo: Universidade Metodista de São Paulo/ Sobraphe: São Paulo, 2000.

CHARDIN, Pierre Teillhard. *O fenômeno humano*. São Paulo: Herder, 1970.

COIMBRA, José de Ávila. *O outro lado do meio ambiente*. Campinas: Millenium, 2002.

CRÜSEMAN, Frank. *A Torá: teologia e história social da lei do Antigo Testamento*. Petrópolis: Vozes, 2002.

DECÁLOGO CATÓLICO. 2005. Disponível em http://www.arquidiocesedesaopaulo.org.br/node/249 (acesso em 21-5-2012).

DUBET, François. *Le Declin de L'Institution*. Paris: Edition du Seuil, 2002.

ESCRITOS E BIOGRAFIAS DE SÃO FRANCISCO DE ASSIS: *crônicas e outros testemunhos do primeiro século franciscano*. 8ª ed. Petrópolis: Vozes, 1997.

FOHRER, Georg. *História da religião de Israel*. São Paulo: Paulinas, 1993.

FOUCAULT, Michel. *Du gouvernement des vivants*. Paris: Bibliothèque générale du Collège de France, 1979-1980.

_____. A hermenêutica do sujeito. São Paulo: Martins Fontes, 2010.

FRANKL, Viktor Emil. *A presença ignorada de Deus*. 8ª ed. São Leopoldo/Petrópolis: Sinodal/Vozes, 2004.

_____. *Em busca de sentido: um psicólogo no campo de concentração*. 21ª.ed. São Leopoldo/Petrópolis: Sinodal/Vozes, 2005.

_____. *Fundamentos y aplicaciones de la Logoterapia*. Buenos Aires: San Pablo, 2007.

_____. *Psicoterapia e sentido da vida*. 4ª ed. São Paulo: Quadrante, 2003.

_____. *Sede de sentido*. 3ª ed. São Paulo: Quadrante, 2003.

HESSEN, Johannes. *Teoria do conhecimento*. São Paulo: Martins Fontes, 1999.

HUMMES, Dom Cláudio. 2004. Disponível em http://www.arquidiocesedesaopaulo.org.br/ (acesso em 21-5-2012).

JEREMIAS, Joachim. *Teologia do Novo Testamento*. São Paulo: Paulus/Teológica, 2004.

KERBER, Guillermo. *O ecológico e a teologia latino-americana: articulação e desafios*. Porto Alegre: Sulina, 2006.

KUHN, T. *A estrutura das revoluções científicas*. 5ª ed. São Paulo: Perspectiva, 1997.

KUJAWSKI, G. M. *A crise do século XX*. 2ª ed. São Paulo: Ática, 1991.

KÜNG, Hans. *Uma ética mundial para a política e a economia mundiais*. Petrópolis: Vozes, 1999.

LARAIA, Roque de Barros. *Cultura: um conceito antropológico*. 19ª ed. Rio de Janeiro: Jorge Zahar, 2005.

LAUAND, Jean. *Filosofia, linguagem, arte e educação: 20 conferências sobre Tomás de Aquino*. São Paulo: FACTASH/CEMOrOc EDF-FEUSP/ESDC, 2007.

LEOPOLD Aldo. *A Sand Count Almanac, and Sketches Here and There*. Nova York: Oxford, 1989.

LIBÂNIO, J. B. *Igreja contemporânea: encontro com a modernidade*. São Paulo: Loyola, 2000.

LIMA VAZ, H. C. *Raízes da modernidade: escritos filosóficos VII*. São Paulo: Loyola, 2002.

LÓPEZ QUINTÁS, Alfonso. *Cómo formarse en ética a través de la literatura: análisis estético de obras literarias*. 2ª ed. Madri: Rialp, 1994.

_____. *Cultura y el sentido da vida*. Madri: Rialp, 2003.

LUTZENBERGER, José. *Gaia, o planeta vivo*. Mimeo, 1970. Disponível em http://www.bioetica.ufrgs.br/lutz.htm (acesso em 17-5-2012).

MARTELLI, S. *A religião na sociedade pós-moderna*. São Paulo: Paulinas, 1995.

MATTELART, A. *História da sociedade da informação*. São Paulo: Loyola, 2002.

MOLTMANN, Jürgen. *Teologia da esperança: estudo sobre os fundamentos e as consequências de uma escatologia cristã*. São Paulo: Teológica, 2003.

MORAES, Maria Cândida. *O paradigma educacional emergente*. Campinas: Papirus, 1997.

MOSER, Antonio. *O problema ecológico e suas implicações éticas*. Petrópolis: Vozes, 1984.

ORTEGA Y GASSET, José. *Meditações do Quixote*. Trad. Gilberto de Mello Kujawski. Rio de Janeiro: Livro Ibero-Americano, 1967.

PETER, R. *Viktor Frankl: a antropologia como terapia*. 2ª ed. São Paulo: Paulus, 2005.

POTTER, Van Rensselaer. *Bioethics: Bridge to the Future*. Englewood Cliffs: Prentice Hall, 1971.

_____. Palestra apresentada em vídeo no IV Congresso Mundial de Bioética. Tóquio, 4-7 de novembro de 1998. Texto publicado em *O Mundo da Saúde*, 22(6) 1998.

RAHNER, Karl. *Lo dinámico en la Iglesia*. Barcelona: Herder, 1963.

_____. *Schriften zur Theologie*. Einsiedeln/Zurique/Colônia: Benziger, 1960.

RATZINGER, Joseph. *Dogma e anúncio*. São Paulo: Loyola, 2007.

RIFKIN, Jeremy. *The Empathic Civilization: The Race to Global Consciousness in a World in Crisis*. Nova York: Penguin Group, 2009.

SCHRECKER, Paul. *La estructura de la civilización*. Ciudad de Mexico: Fondo de Cultura Económica, 1975.

SCHWEITZER, Albert. *Decadência e regeneração da cultura*. São Paulo: Melhoramentos, 1964.

SEGUNDO, Juan Luis. *Que mundo? Que homem? Que Deus? Aproximações entre ciência, filosofia e teologia*. São Paulo: Paulinas, 1995.

SELEÇÕES DO READER'S DIGEST, outubro de 1954.

SELLA, A. *Globalização neoliberal e exclusão social*. São Paulo: Paulus, 2002.

SIQUEIRA, Josafá Carlos de. *Ética e meio ambiente*. 2ª ed. São Paulo: Loyola, 1998.

TILLICH, Paul. *História do pensamento cristão*. São Paulo: ASTE, 2004.

TOLSTÓI, León. *Onde existe amor, Deus aí está*. Campinas: Verus, 2001.

TOOLAN, David S. *Cosmologia numa era ecológica*. São Paulo: Loyola, 1994.

TROELTSCH, Ernst. *Die Soziallehren der christlichen Kirchen und Gruppen*. Tübingen: J. C. B. Mohr, 1944.

UNGER, Nancy. *O encantamento do humano: ecologia e espiritualidade*. 2ª ed. São Paulo: Loyola, 2000.

VAZ, Henrique C. de Lima. *Antropologia filosófica I*. 5ª ed. São Paulo: Loyola, 2000.

VIEIRA, C. A. *Depressão: experiências de pessoas que vivenciam a pós-modernidade*. Dissertação de mestrado. São Paulo: Universidade de São Paulo, 2005.

VILLAS BOAS, Alex. *Teologia e poesia: a busca de sentido em meio às paixões em Carlos Drummond de Andrade como possibilidade de um pensamento poético teológico*. Sorocaba: Crearte Editora, 2011.

WACH, Joaquin. *Sociologia dela religione*. Bolonha: EDB, 1986.

OBRAS DE REFERÊNCIA TEOLÓGICA

BÍBLIA SACRA: *Utriusque Testamenti – Editio Hebraica et Graeca*. Stuttgart: Deutsche Bibelgesellschaft:, 1993.

DE BONI, Luís A. (org.). *São Boaventura: obras escolhidas*. Porto Alegre: Escola Superior de Teologia São Lourenço de Brindes - Universidade Caxias do Sul, 1983.

FREITAS, Maria Carmelita. *Uma opção renovadora: a Igreja no Brasil e o planejamento pastoral – Estudo genético-interpretativo*. Coleção Fé e Realidade nº 36. São Paulo: Loyola, 1997.

GERKEN, John. *Teologia do laicato*. São Paulo: Herder, 1968.

GILBERT, Paul. *Introdução à teologia medieval*. São Paulo: Loyola, 1999.

GONÇALVES, Paulo Sérgio L. & BOMBONATTO, Vera Ivenise (orgs.). *Concílio Vaticano II: análises e prospectivas*. São Paulo: Paulinas, 2004.

LACOSTE, Jean Yves (org.). *Dicionário crítico de teologia*. São Paulo: Paulinas/Loyola, 2004.

LAFONT, G. *História teológica da Igreja católica: itinerário e formas da teologia*. São Paulo: Paulinas, 2000.

LUBAC, Henri. *L'Ecriture dans la tradition*. Aubier: Montaigne, 1966.

LUMEN GENTIUM, 1964. Em *Compêndio do Vaticano II: constituições, decretos e declarações*. Petrópolis: Vozes, 2000.

MONASTERIO, R. A. & CARMONA, R. A. *Evangelhos sinóticos e atos dos apóstolos*. Coleção Introdução ao Estudo da Bíblia. Vol. 6. São Paulo: Ave-Maria, 2000.

PADOVESE, Luigi. *Introdução à teologia patrística*. Coleção Introdução às Disciplinas Teológicas. São Paulo: Loyola, 1999.

PRATES, Lisaneos. *Fraternidade libertadora: uma leitura histórico-teológica das campanhas da fraternidade da Igreja no Brasil*. São Paulo: Paulinas, 2007.

RAHNER, Karl. *Curso fundamental da fé*. Coleção Teológica Sistemática. 3ª ed. São Paulo: Paulus, 2004.

ROUËT DE JOURNEL, M. J. "Epistola ad Diognetum, 5,5", em *Enchiridion Patristicum*. Friburgo em Brisgóvia: Herder, 1913.

SUENENS, L. J.; CÂMARA, H. *Renovação no espírito e serviço ao homem*. São Paulo: Paulinas, 1979.

TILLICH, Paul. *História do pensamento cristão*. São Paulo, ASTE, 2004.

TOMÁS DE AQUINO. *Suma contra os gentios*. Porto Alegre: Escola Superior de Teologia São Lourenço de Brindes - Universidade Caxias do Sul, 1990.

_____. *Suma teológica*. Volumes I; I-II; II. Porto Alegre: Escola Superior de Teologia São Lourenço de Brindes - Universidade Caxias do Sul, 1980.

WANDERLEY, L. E. W. "Globalização, religiões, justiça social: metamorfoses e desafios". Em *Cristianismo na América Latina e no Caribe*. São Paulo: Paulinas, 2003.

SOBRE O AUTOR

ALEX VILLAS BOAS

Doutor em teologia e literatura pela Pontifícia Universidade Católica do Rio Janeiro (PUC-Rio), onde atua também como professor convidado; professor de Teologia na Escola Dominicana de Teologia e no Instituto de Teologia João Paulo II, de Sorocaba (SP); professor de Filosofia no Centro Universitário Assunção UNIFAI (SP). Pesquisador do Grupo de Pesquisa em Literatura, Religião e Teologia (Lerte), da PUC-SP, da Asociación Latinoamericana de Literatura y Teologia (Alalite) e do Centro de Estudos Medievais do Oriente e Ocidente (CemOrOc-USP); coordenador do grupo de trabalho de Religião, Arte e Literatura da Sociedade Brasileira de Teologia e Ciências da Religião (Soter). Também é editor

da *TeoLiterária – Revista Brasileira de Literaturas e Teologias* (http://www.teoliteraria.com).
 Contato: alex@teoliteraria.com